KB272847

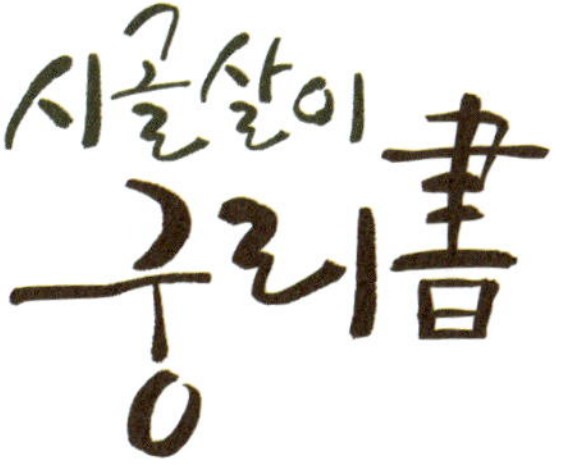

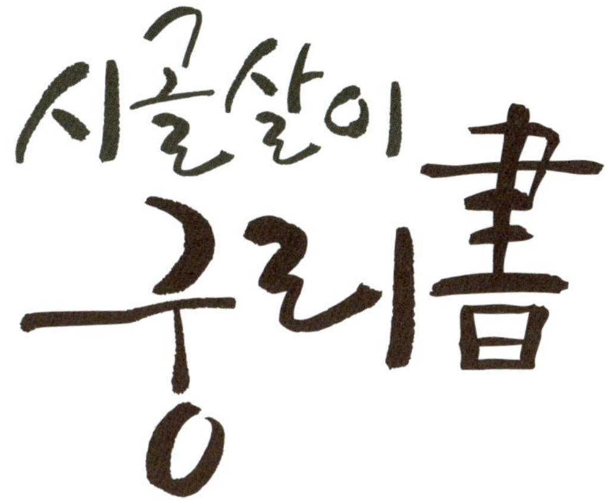

채상헌 지음

농민신문사

서 문

 농촌생활이 경제적으로 다소 궁핍하고 육체적으로 힘들더라도 마음먹기에 따라서는 얼마든지 풍요로운 삶의 공간이 될 수 있다. 그렇다고 농촌에서 사는 것만으로 행복이 쉽게 얻어지는 것은 아니다. 막연히 선택한 귀농은 현실의 높은 벽에 부딪히게 된다.

 시골에서 행복해지려면 내가 왜 농촌에서 살겠다고 하는 것인지 이유 찾기가 우선이다. 그리고 두 번째가 소득원 찾기이다. 아무리 이유 있는 삶의 가치를 찾았다고 하더라도 맑은 물 한 모금 입에 물고 파란 하늘만 보고 살 수는 없기 때문이다. 어떤 가치 있는 삶의 형태이든 그런 삶을 살기 위한 소득이 있어야 한다.

 다만 여기서 중요한 것은 순서이다. 첫째가 이유 찾기, 둘째가 소득원 찾기이다. 안 그러면 농업으로 경제적인 성공을 하더라도 삽자루 꽂아놓고 '내가 여기 왜 왔나?' 고민하게 될 때가 분명히 생긴다. 한두 줄이라도 분명하게 글로 적은 시골생활의 이유에 대해 배우자나 가족이 공감하지 못하는

상태에서의 귀농은 고무신을 신고 겨울에 산을 오르는 격이다.

귀농이나 귀촌은 단순하게 직업이나 거주공간의 전환이 아니라 살아가는 방식의 전환 즉, 삶의 철학적 관점에서 생각하고 판단할 수 있어야 한다. 그런 의미에서 귀농은 누구나 생각할 수 있지만 아무나 실행할 수는 없다.

이 책은 그동안 저자가 발로 뛰며 얻은 생생한 경험과 현장의 다양한 의견과 조언을 종합하여 구성했다. 모쪼록 귀농, 귀촌을 준비하는 사람들에게 눈앞의 안개를 다소나마 걷어 줄 수 있기를 희망한다.

기꺼이 출판에 나서 준 농민신문사 이상욱 사장님과 조언을 아끼지 않은 귀농·귀촌 그리고 농업인들에게 감사드린다.

Contents

■ 서문 4

Part 1

귀농·귀촌 상담소

10   귀농 · 귀촌 목적 분명히 하기

14   시골살이 좋은 점은 마음의 여유

18   귀농 · 귀촌 단계별 준비과정

22   가족동의 얻기

26   준비 단계별로 교육 받기

30   교육참여 방법과 혜택

34   정착지역 선택방법

　　　(1) 무턱대고 결정했다간 후회

　　　(2) 생활여건 꼼꼼히 살펴봐야

42   정부 · 지자체 지원 잘 활용하기

46   살 집 마련하는 방법

50   농가주택 구입 · 수리하기

54 농가주택 신축
　　(1) 집터 구하기
　　(2) 건축 유형과 설계
　　(3) 건축물 시공하기

66 농지 구하기
　　(1) 농지 구입 시 주의점
　　(2) 다양한 농지 마련 방법

74 작목 선택하기

78 농촌생활 적응하기

82 이웃과 친해지기

86 부업으로 민박 운영하기

90 농촌의 육아와 교육

94 시골 생활에 필요한 기계와 공구

Part 2

일본 귀농 이야기

100 오이타현의 신규 농업인 양성 프로젝트

　　　(1) 파머스 스쿨 – 농업인이 연수생에게 토지 임대 · 교육

　　　(2) 인큐베이션 팜 – 2년 합숙 방식 농업연수 프로그램

　　　(3) 눈높이 농업교육 – 창업 땐 농기구 보조, 빈집 리모델링 비용도 지원

112 일본 귀농 · 귀촌박람회

116 젊은 농부 육성하는 '토마토학교'

120 귀농인 부부의 6차산업 성공기

124 'Only one' 상품 만드는 귀농인 사와다씨

128 지역농업 인력육성 창구 '홋카이도 후계농육성센터'

132 여성농업인 육성하는 '비호로 미래농업센터'

136 은퇴농 영농기반 임대제도

140 참고 1. 한국농촌사회학회 2015년 춘계학술대회 주요 내용

144 참고 2. 귀농 · 귀촌 '고소득 미끼광고' 조심

149 부록

PART 1
귀농·귀촌 상담소

CHAPTER 01

귀농·귀촌 목적 분명히 하기

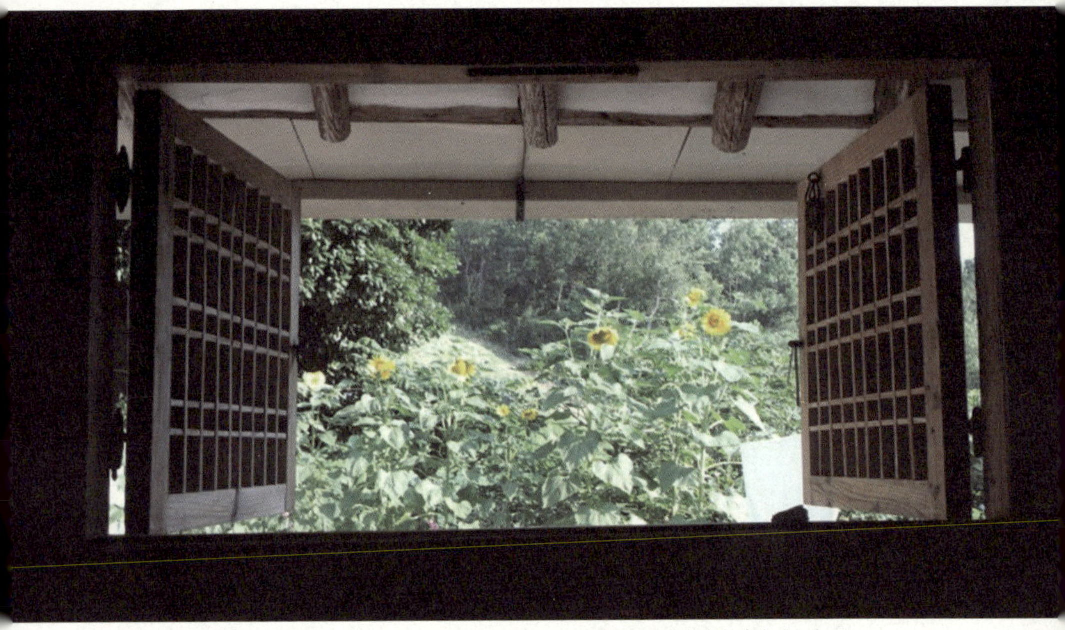

여름은 시원하고 겨울은 따뜻하다고 볼 수도 있듯이 시골살이는 어떻게 보느냐에 따라 많이 다르다.

농사짓기 서두르지 말고
낮선 시골생활 우선 적응을

귀농 · 귀촌은 삶의 방식을 바꾸는 일
소득 등 충분히 검토하고 준비해야

삶의 터전을 농촌으로 옮기거나 농업으로 새로운 삶을 일구려는 사람들이 늘고 있습니다. 귀농이나 귀촌을 꿈꾸는 이들이지요. 그런데 막상 귀농 · 귀촌을 준비하려니 어디서부터 어떻게 시작해야 할지 막막하기만 합니다. '귀농 · 귀촌 상담소'에서는 귀농 · 귀촌에 대한 궁금증들을 문답 형태로 차근차근 풀어 드립니다. 먼저 귀농 · 귀촌을 위해 어떤 준비부터 해야 할지 알아봅니다.

Q 귀농 · 귀촌 준비, 무엇부터 시작할까?

귀농한 지 8년 된 김형식씨(57 · 가명)는 비교적 성공한 귀농인으로, 그동안 몇 차례 언론매체나 지역의 성공사례 책자에 실리기도 했다. 하지만 그는 가끔 과연 이것이 잘한 선택인지 의구심이 든다고 한다. 귀농 초기에는 모르는 것도 많고 바쁘게 지내다 보니 그런 생각을 해볼 겨를이 없었는데, 최근에는 부쩍 왜 자신이 농촌에 와서 살고 있는 것인가에 대한 고민이 든다고 한다. 귀농·귀촌을 준비할 때 가장 먼저 생각해야 할 것은 왜 시골에 가서 살려고 하는지에 대한 '이유 찾기'다. 귀농·귀촌은 단순한 직업의 전환이나 거주 공간의 이전이 아니라 살아가는 방식을 바꾸는 것이다. 작물이나 축종의 선택은 그런 삶을 살기 위한 경제적 수단일 뿐이다. 귀농 준비를 하는 데 있어 이 순서가 바뀌게 되면 출발선에서부터 심각한 결함을 안고 이륙하는 비행기와 같다.

Q 귀농과 귀촌의 차이점은?

농림축산식품부에 따르면 2014년 귀농·귀촌 가구수는 4만 4,586가구이며, 그중 3만 3,442가구가 귀촌 인구로 전체의 75%에 해당한다.

귀농과 귀촌은 소득을 기준으로 구분하는 것이 일반적이다. 소득의 일부 또는 전부를 농업에서 얻는 경우는 '귀농'이고, 거주지만 농촌 공간으로 이주하고 도시의 건물 임대나 연금 또는 글쓰기와 같이 농업 외적인 부분에서 소득을 얻는 것은 '귀촌'이다. 따라서 귀농과 귀촌을 선택하는 기준은 소득원이 어디에 있느냐에 달렸다. 수년 전부터 귀농보다 귀촌 인구가 늘어나는 배경에는 농촌 지역의 높아진 토지 가격을 비롯한 농업생산비의 증가가 큰 영향을 미치고 있다. 또 수입개방에 따른 농산물 가격 하락으로 신규농의 경우 농업소득으로 생계를 유지하기가 더 어려운 까닭도 있다.

Q 귀농이 좋을까, 귀촌이 좋을까?

　귀농의 경우라 할지라도 처음 1~2년은 농지를 빌리거나 사들이지 말고 시골생활에 정착하는 데 중심을 둬야 한다고 많은 경험자들은 얘기한다. 영농기술도 잘 모르고 해당 지역의 정보나 상황 판단을 하기 어려운 시기에 농사를 서두르다 보면 잘못된 투자 등으로 큰 손실을 입게 된다는 것이다. 따라서 처음 1~2년은 농사를 짓기보다는 귀촌의 형태로 준비하는 것이 바람직하다.

　귀촌은 전문분야를 갖고 꿈을 실현하는 '자아실현형', 농촌에 거주하며 도시에서 소득을 얻는 '전원거주형', 은퇴 후 노년의 삶을 누리는 '노후생활형', 주말에만 전원주택이나 주말농장을 이용하는 '주말전원생활형' 등으로 나눌 수 있다. 그러므로 귀촌도 어떤 형태를 택할지 구상을 갖고 그것에 맞게 준비해야 한다.

CHAPTER

시골살이 좋은 점은 마음의 여유

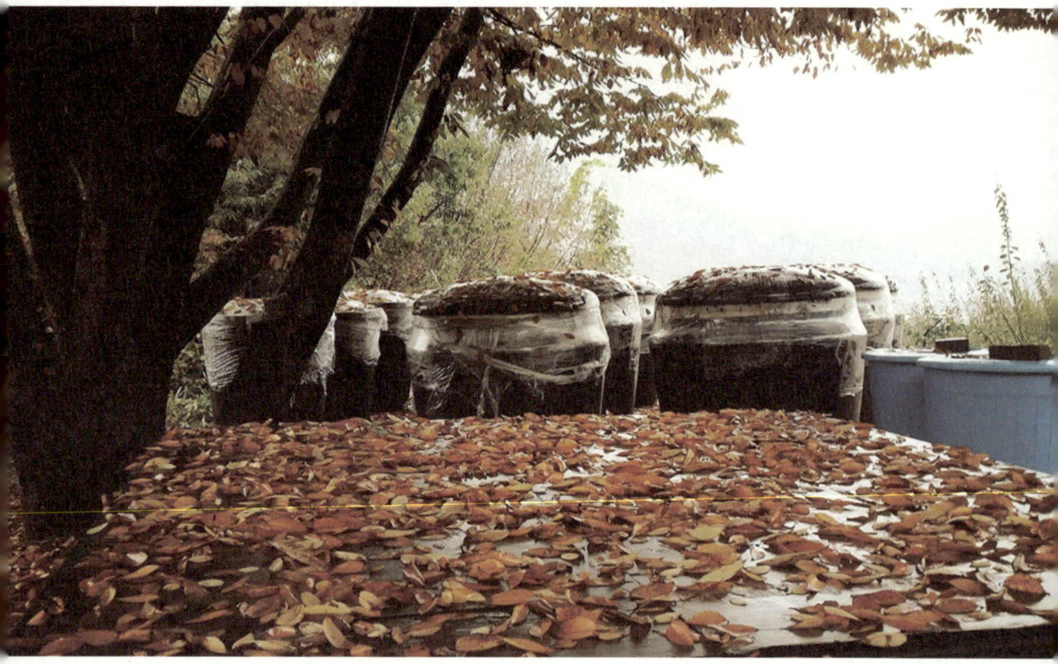

풍요로운 가을과 삭막한 겨울이 번갈아 찾아오는 것은 계절만이 아니지만, 마음의 여유로움을 찾기에는
그래도 농촌이 낫다.

식료품 상당부분 자급
생활비 오히려 줄어

농작물 재배하며 보람과 풍요감 느껴
공연·전시 자주 열려 문화혜택 좋아져

사람은 누구나 풍요롭고 여유로운 삶을 꿈꿉니다. 귀농·귀촌은 이러한 생각의 적극적인 실천이기도 합니다. 하지만 시골생활이 누구에게나 여유로움과 풍요로움을 주지는 않습니다. 시골생활의 좋은 점을 알고 잘 활용해야 여유와 풍요를 느낄 수 있습니다.

Q 시골살이는 여유로운가?

필자가 최근 정부 용역으로 귀농·귀촌 동기를 조사한 결과, 응답자의 30.4%가 '농촌생활에 대한 관심과 선호'라고 대답해 가장 높은 비율을 차지했다.

30년 가까이 금융 분야에서 일하다 퇴직한 이정복씨(59·가명)는 여유로운 농촌생활을 동경하며 강원도로 귀농해 산야초를 가꾸며 효소를 만들고 있다. 처음에는 아내의 반대가 만만치 않았지만 도시에서의 편리함 대신 시골에서의 여유로움에 더 가치를 두자고 아내를 설득했다.

그런데 이들 부부는 귀농 후 지난 5년간을 돌이켜보면 오히려 도시에서보다 훨씬 바쁘게 지냈다고 한다. 휴일이라고 쉬어 본 기억이 거의 없고, 야간에도 재배방법 등을 공부하거나 블로그를 관리하다 보면 밤 12시가 넘어버린다고. 하지만 이들 부부는 하루가 다르게 바뀌어가는 농장의 모습이나 온라인에서 관심을 보이는 사람들을 보면서 힘들어도 힘든 줄 모른다고 한다. 작물이 자라는 만큼 마음도 함께 자라면서 비로소 '여유로움'이 생기는 것이다. 시골살이의 여유는 마음의 여유로움에서 나온다.

🅠 시골살이는 경제적인가?

귀농 · 귀촌인들이 농촌에 정착할 때 가장 어려운 점으로 꼽는 것은 운영자금이나 생활비 조달, 일자리 부족 등 경제적 문제이다.

하지만 시골에서는 도시에 비해 소득이 적지만 지출도 적다. 도시에서처럼 일주일에 한두 번씩 대형마트의 쇼핑카트를 채우지 않아도 곡물 · 채소 등 식료품의 상당 부분을 자급자족할 수 있기 때문이다. 또 교통비 · 피복비 등의 생활비도 현저히 줄어든다. 물론 이것은 자신이 얼마나 절약하고 대체하는 생활을 하느냐에 달려 있다.

그 외에도 농어업인은 건강보험료의 경우 최대 50%까지 감면되거나 국민연금 보험료의 일부를 국고보조금으로 지원받는 등의 혜택도 있다.

Q 시골살이는 문화적인가?

지방자치가 되면서 농산어촌 지역에는 각종 공연·강좌·전시·축제 등이 많이 열리고 이용하는 비용도 저렴하다. 또 전국 어디에서나 대도시까지 한시간 정도면 이동할 수 있어 마음만 먹으면 도시에서 즐기던 것들을 모두 누릴 수 있다.

귀농·귀촌인들이 느끼는 문화적 소외감은 과거 도시에서의 사람관계가 멀어진다는 데에서 오는 경우가 많다. 권○○씨(46)는 시골생활 초기에는 서울로 가서 친구들을 자주 만났지만, 점차 시간이나 비용이 부담스럽고 농사일도 바빠지면서 모임에 참석할 수 없게 돼 고립감이 들었다고 한다.

그러나 이와 반대로 오히려 도시 인맥과의 관계가 더 좋아졌다는 경험담도 있다.

한○○씨(51)는 도시에 살 때는 주변 사람들에게 신세를 지는 입장이라 때로는 굴욕감을 느꼈는데, 시골에서는 자신이 생산한 농산물을 나눠 주거나 시골살이에 대한 상담도 해 주면서 오히려 베푸는 관계가 됐다고 한다. 이렇듯 시골생활은 '아껴쓰고' '나눠주고' '마음열기'에 따라 얼마든지 여유롭고 보람차게 보낼 수 있다.

CHAPTER 03

귀농 · 귀촌 단계별 준비과정

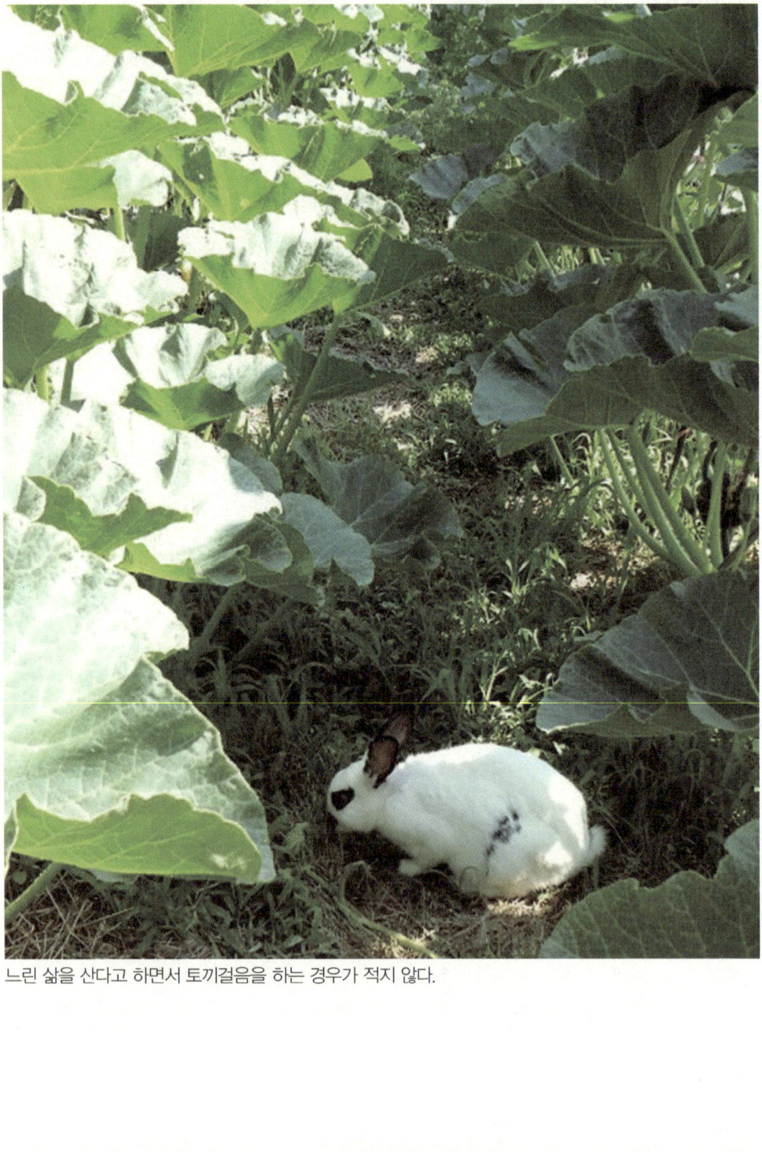

느린 삶을 산다고 하면서 토끼걸음을 하는 경우가 적지 않다.

정착까지 3년 정도
여유 갖고 차근차근 진행

사전 교육 꼭 받고 가족동의 얻어
농지 등 매입은 1년가량 지난 후에

귀농·귀촌은 '사회적 이민'이라고 할 수 있습니다. 이민을 하루아침에 준비할 순 없겠지요? 귀농·귀촌은 전체적인 큰 그림을 갖고 단계별로 차근차근 준비해야 시행착오를 줄일 수 있습니다.

Q 귀농·귀촌 준비, 어떤 순서로 할까?

일반적으로 '귀농관련교육 → 가족 동의 → 소득원 정하기 → 정착지 선정 → 농지·주택 구하기'의 순서를 권하지만, 실제로는 이 과정들이 상호 연관돼 이뤄지기도 한다.

그중 필수적인 과정은 '교육'이다. 정부가 귀농교육 100시간 이수를 귀농창업자금 신청자격으로 정했을 만큼 교육은 중요하다. 교육을 받으면 언제,

어디로, 어떻게 귀농할 것인가를 보다 명확하게 결정할 수 있다. 지역 등 한 번 정하면 바꾸기 어려운 요소를 어떻게 결정하느냐가 시골살이의 성패를 가름한다.

어느 정도 방향이 결정됐다면 가족의 동의를 얻어야 한다. 우선은 주도자가 차분하게 단계별로 준비를 해가며 배우자도 할 수 있는 일을 고려해 설득한다.

그 다음 단계는 소득원의 결정이다. 소득원은 자신의 경제적 기반이나 나이·적성 등을 고려해 결정해야 한다. 왜냐하면 현실적으로 귀농인은 대규모 농업을 하기 어렵기 때문에 소규모이면서도 부가가치를 높일 수 있는 나만의 '가치의 농업'을 선택하는 것이 현명하다.

그런 다음 지역을 정하는데, 자신이 소득원으로 택한 분야(또는 작목)가 특화됐거나 경쟁력을 갖는 지역을 우선적으로 검토한다. 그래야 주변 농가로부터 기술이나 장비 등의 도움을 받을 수 있고 지자체의 지원을 받기도 수월하다. 거꾸로 이미 지역을 결정했다면 해당 지역의 특화 작목을 우선적으로 검토하면 좋다.

농지나 주택은 적어도 귀농 후 1년은 지난 다음에 결정하는 것이 바람직하다. 1년 정도 동네일을 다니다 보면 농사기술도 배우고 인맥도 형성돼 자신에게 맞는 농지나 토지를 구할 수 있는 안목과 정보가 생겨난다.

Q 준비 기간은 얼마나 잡아야 할까?

상황에 따라 다르겠지만, 정착기까지 3년 정도 여유 있게 준비하면 좋다. 작목과 지역 선정을 위한 탐색과정 1년, 가족 동의 및 이주 예정지 기반 마련 1년, 그리고 귀농 후 정착과정 1년이다. 그러나 완벽하게 준비한 뒤 귀농·귀촌을 하겠다는 생각은 버려야 한다.

처음 2년 동안 관심 지역의 농업기술센터나 귀농인협의회를 방문해 충분한 상담과 검토를 거치는 등 7부 능선까지 올라간 시점에서 귀농에 대한 결정을 내리기를 권한다. 산 정상까지 올라가 모든 걸 확인하고 결정하는 것은 쉽지 않기 때문이다. 또 7부 능선까지 오르지도 않고 결정하는 사람은 도시로 다시 돌아오거나, 빈 수레를 끌고 막다른 골목에서 나아가지도 못하고 물러서지도 못하는 어려운 상황에 처할 수 있다.

🅠 도시에서 미리 준비해둘 것이 있다면?

자신의 '팬'을 확보하는 것이다. '가치의 농업'은 누군가에게 그 가치를 알릴 때에만 비로소 효과를 얻을 수 있다. 귀농해서 전통엿을 만들겠다는 결론을 내렸다면 그때부터 홈페이지나 블로그를 만들어 관련 자료를 모으고 자신의 생각을 소개하며 팬을 확보하는 것이 지혜롭다. 그러다 언젠가 전통엿을 만들게 되면 지금까지의 팬들은 충성도 높은 고객이 된다. 그러나 귀농·귀촌 이후 팔기 위해 홍보를 시작한다면 여력도 부족하지만 그저 여러 엿장수 중 한명에 머물 수 있다.

CHAPTER 04

가족동의 얻기

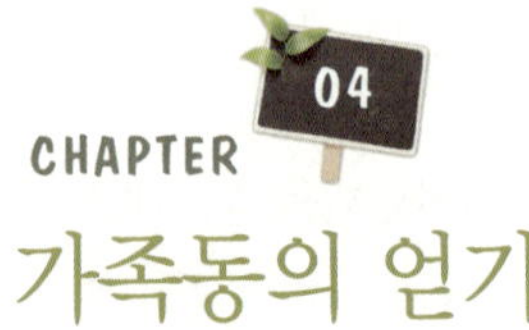

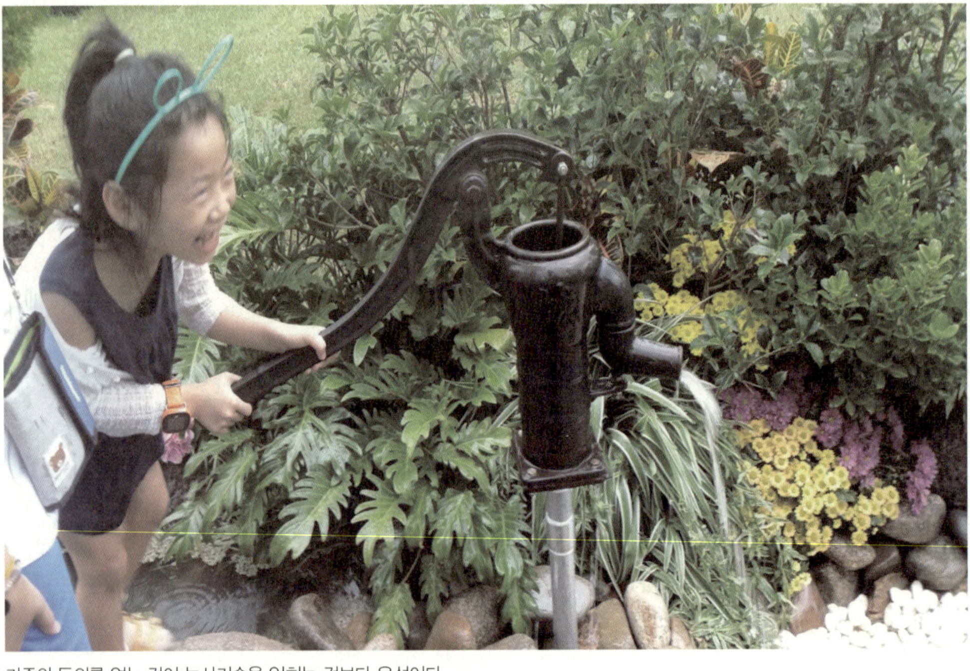

가족의 동의를 얻는 것이 농사기술을 익히는 것보다 우선이다.

농촌생활의 가치
도농간 문화차이 먼저 이해시켜야

배우자 시골살이 관심 있는지 살피고
자녀 농산어촌 체험행사에 참여 유도

생활기반이 송두리째 바뀌다시피 하는 시골생활로의 전환에 가족들이 흔쾌히 동의하기란 쉽지 않습니다. 그러나 최근 한 조사에 따르면 귀농·귀촌은 가족과 함께해야 포기할 가능성이 줄어드는 것으로 나타났습니다. 또 조사 대상자의 약 40%는 귀농·귀촌 이후에 부부관계가 더 좋아졌다고 합니다. 귀농·귀촌에서 가족의 동의가 우선돼야 하는 이유가 바로 여기에 있습니다.

Q 망설이는 배우자의 지지를 얻으려면?

먼저 배우자가 시골생활에 관심이 있는지를 살펴야 한다. 배우자의 공감을 얻지 못하고 무작정 밀어붙일수록 상대방은 귀농에 대해 더욱 마음을 닫

아버려 갈등으로 이어지는 경우가 많다.

귀농 4년 차인 한영훈씨(58 · 가명)는 처음에는 아내의 반대가 있었지만 지금은 아내가 더 적극적이라고 한다. 한씨는 2년여에 걸쳐 혼자 차분하게 준비하며 적합한 지역과 소득원, 그리고 살 집의 형태 등에 대해 계획을 세웠다. 그러면서 가끔씩 농촌생활의 가치를 느낄 수 있는 곳을 찾아 아내와 함께 여행을 다니기도 했다.

그런데 그중 장류 가공을 하는 교육농장 방문이 아내가 귀농을 긍정적으로 검토하는 결정적인 계기가 되었다. 아내가 조금씩 마음의 문을 열자 한씨는 그동안 준비해 온 자신의 계획을 자세히 설명하며, 귀농 후 합리적인 농업 분업과 협력을 약속했다.

겨울을 춥다고 느낄 수 있지만, 시원하다고 느낄 수도 있다. 시골살이는 어떤 시각으로 바라보느냐에 따라 다르게 다가올 수 있다. 가족의 동의를 얻기 위해서는 다양한 시각에서 농업과 농촌을 바라볼 수 있는 기회를 가지면서 서로 공감해 나가는 것이 중요하다.

ⓠ 배우자가 동의하지 않으면 두 집 살림도 괜찮을까?

결론부터 말하면 그렇지 않다. 이재만씨(50 · 가명)는 가족들의 반대가 심했지만 자신이 성공한 모습을 보여주면 언젠가는 이해해 줄 것이라 생각하고 우선 혼자 귀농해 토마토를 키우고 있다.

하지만 시골 농사일에는 여성들의 역할이 많기도 하거니와 부녀회 등의 인맥이나 정보에서 소외되다 보니 여간해서 일손을 구하기도 어렵고 불편한 것이 많다고 한다. 그는 무엇보다도 가족과 점점 멀어지고 있는 것이 두렵다고 한다. 얼마 전 우울증 진단을 받고 병원에 다니고 있지만, 이제 와서 다시 돌아갈 수도 없어 난감한 상태라고.

천천히 살자고 귀농하면서 서두르는 경우가 종종 있다. 시간이 걸리더라도 가족들의 동의는 필수다. 다만 가족들이 귀농에 동의하지만 사정상 주도자가 먼저 귀농해 기반을 마련한 뒤 가족이 합류하는 것은 오히려 권장할 만하다. 귀농 후 3년 정도는 소득이 거의 없으므로 가족간에 합의가 이뤄졌다면 단계별로 연착륙하는 것도 좋은 방법이다.

Q 시골을 싫어하는 자녀 설득 방법은?

아이들에게야말로 느닷없는 시골 이주는 문화적 충격일 수 있다. 아이가 어리다면 2~3년 전부터 농촌캠프나 다양한 농산어촌 체험마을 행사에 참여하도록 유도한다. 아이들은 몇 차례의 그런 경험을 통해 농촌에 대한 관심이 크게 높아지기도 한다.

요즘은 농산어촌 대안학교에서도 일정 기간의 농촌캠프 참여를 신청자격으로 두는 곳들이 있다. 아이들 역시 시골생활에 관심을 갖고 마음으로부터 받아들여야 잘 정착할 수 있다.

CHAPTER 05

준비 단계별로 교육 받기

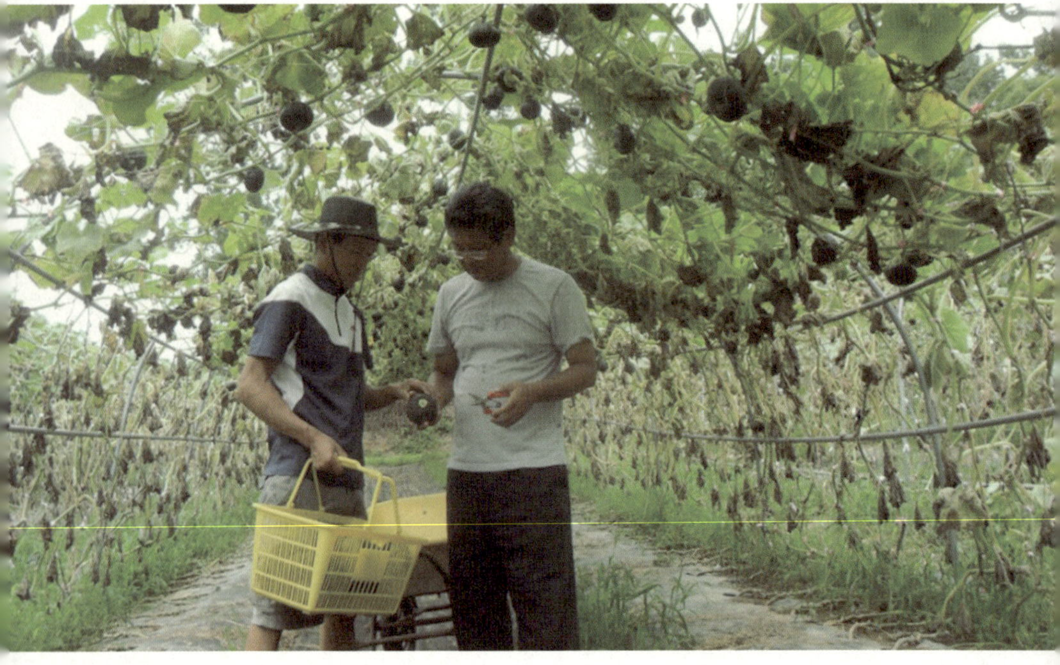

기본적인 원리를 제대로 익혀야 스스로 진화할 수 있다.

농산업 기본원리 배우고
시골살이 정보 얻는데 도움

관심단계땐 농업·농촌 정보수집 등에 중점
귀농결심 뒤엔 농산물 재배·가공법 접하고
귀농 후 '선도농가 실습교육' 통해 경험 쌓아

시골살이에서는 모든 것을 스스로 판단하고 결정해야 합니다. 그러기 위해서는 교육이 필요하지요. 귀농·귀촌 교육을 통해 농산업의 기본적인 원리를 깨닫고 시골살이에 필요한 정보를 얻을 수 있습니다. 또 교육에서 만난 강사나 선배 농업인들은 귀농·귀촌 이후에도 소중한 안내자가 됩니다.

Q 귀농·귀촌에 대해 관심 있다면?

귀농·귀촌 교육은 시골로 이주하기 전과 후로 나눌 수 있으며, 각 단계에 맞춰 교육을 선택하는 것이 중요하다.

이주 전 단계의 교육은 언제, 어디로, 어떻게 귀농·귀촌할 것인가를 보

다 정확히 결정하는 데 목표를 둬야 한다. 귀농·귀촌에 관심은 있으나 아무런 정보가 없는 '관심단계'에서는 농업·농촌 및 귀농에 대한 개념을 확립하고 다양한 사례와 지원정책을 수집하는 등 기초를 다지는 데 중점을 둔다.

이때에는 아직 도시에서 다른 일을 하는 경우가 대부분으로 평일 낮에 시간을 내기가 쉽지 않다. 따라서 온라인을 통한 교육이나 평일 야간 또는 주말 교육을 선택하면 좋다.

Q 귀농을 결심한 뒤에는 어떤 교육이 좋을까?

귀농을 결심한 뒤 적합한 지역이나 시기, 귀농의 형태를 결정하는 '준비단계'에서는 생산뿐 아니라 가공·유통·마케팅·경영까지 다루는 교육을 찾는 것이 좋다. 현업을 정리하고 본격적으로 준비한다면 실습교육이나 합숙교육, 농촌현장 견학 등에도 참여해볼 만하다.

이 같은 교육을 마치면 자신의 경제적 기반이나 나이·체력·적성 등을 고려해 언제, 어디로, 어떻게 귀농할 것인가를 보다 정확히 결정할 수 있다. 실제로 지난 8년 동안 합숙형 귀농교육을 운영하면서 예비 귀농인들 중 절반 넘게 교육과정 수료 후 귀농 지역이나 시기, 작물이 바뀌는 것을 경험했다.

Q 귀농·귀촌 이후에도 교육을 계속 받아야 할까?

귀농·귀촌 이후 시골살이에 보다 쉽게 적응하려면 인턴이나 멘토제처럼 농가에 체류하며 배우는 도제식 교육을 받는 것도 한 방법이다. '선도농가 현장실습교육'과 같은 프로그램을 활용하면 실전경험을 쌓을 수 있다.

최근 5년 이내 주민등록상 농어촌 지역에 이주한 초보 귀농인을 대상으로 하는 선도농가 현장실습교육은 지역의 선도농업인·농업법인·농식품부 지정 현장실습교육장(WPL) 등에서 영농기술과 경영에 필요한 실무능력을 강화하는 프로그램이다.

신청은 해당 시·군 농업 관련 부서로 하면 된다. 신청 전에 실습을 원하는 관내 대상 농가와 협의가 이뤄지면 훨씬 유리하다. 연수생 1인당 5개월 한도로 월 80만 원이 지원되며, 연수를 시행하는 선도농가(농장주)에도 월 40만 원의 멘토 수당이 지원된다.

귀농·귀촌을 하고 나면 사실상 그 지역의 농업인이 되는 것이다. 따라서 해당 지자체의 귀농교육에 참여하면 지역의 농산업 정보와 지원정책을 알 수 있고 인적 네트워크를 넓히는 데에도 도움이 된다.

지역에 따라서는 해당 지자체의 귀농교육을 이수한 사람에 한해 지원사업의 신청자격을 주기도 한다. 또 도농업기술원이나 시·군 농업기술센터, 농협, 농자재회사 등에서 실시하는 농업기술교육이나 농기계실습교육을 통해 영농기술을 익히는 것도 중요하다.

CHAPTER 06

교육참여 방법과 혜택

귀농 교육에서
특히 중요한 것은 실습이다.

자신에 맞는 과정 선택
'온라인 교육' 무료이용

'귀농귀촌종합센터' 등에서 교육정보 얻어
정부인정교육 이수땐 창업자금 등 지원자격

귀농·귀촌 교육을 받을 땐 자신에게 맞는 교육과정을 선택하는 것이 중요합니다. 이를 위해 농업 관련 기관이나 전문가에게 상담을 받는 것도 좋습니다. 오프라인 교육에 참여하기 힘든 경우에는 온라인 교육을 이용하는 것도 한 방법이지요. 교육을 받으며 얻을 수 있는 혜택도 꼼꼼히 챙겨보세요.

Q 귀농·귀촌 교육 정보 어디서 얻을까?

농림축산식품부 산하기관인 농림수산식품교육문화정보원(이하 농정원)에서 운영하는 귀농귀촌종합센터(www.returnfarm.com, ☎1899-9097)를 통하면 귀농·귀촌 교육과 관련된 다양한 정보를 쉽게 얻을 수 있다.

　　귀농귀촌종합센터 홈페이지에는 농정원 주관의 민간기관 공모교육을 비롯해 농촌진흥청, 도 농업기술원, 시·군 농업기술센터 등의 교육이 상세하게 공지돼 있다.

　　또 서울 양재동에 위치한 귀농귀촌종합센터에서 평일 주간이나 야간에 자체적으로 운영하는 교육도 있다. 귀농·귀촌에 대한 이해와 사례를 중심으로 다루는 '귀농귀촌아카데미 교육'과 선배 귀농인들과 소통하는 '소그룹 강의'로, 수도권 예비귀농인들의 호응을 얻고 있다. 귀농귀촌종합센터에서는 귀농상담사와의 일대일 상담을 통해 자신에게 맞는 교육을 추천받을 수도 있다.

　　이밖에 농진청(www.rda.go.kr)과 각 시·군 농업기술센터 홈페이지를 통해서도 농업기술 교육이나 지자체의 교육 정보를 알 수 있다. 또는 해당 시·군 농업기술센터를 직접 방문해 교육 신청을 해놓으면 연락이 오기도 한다.

Q 온라인 교육은 어떻게 받을 수 있나?

　　온라인 교육은 농정원에서 운영하는 '농업인력포털' 사이트(www.agriedu.net, ☎031-460-8955)를 이용하면 된다. 회원가입만 하면 누구나 무료로 수강할 수 있으며, 농업인·일반인 모두 회원가입이 가능하다.

　　상단의 '온라인 교육' 메뉴를 누른 뒤 '귀농·귀촌'을 클릭하면 '귀농 희망 지역을 찾아라' '농지 마련 이렇게' 등의 과목명이 뜬다. 강의 내용을 간략히 소개하는 '맛보기'를 참고해 '수강신청'을 누르면 바로 교육을 수강할 수 있다.

온라인 교육은 용어 해설을 해주거나 애니메이션(만화 영화)을 활용하는 등 일반인의 눈높이에 맞춰 쉽게 이해할 수 있도록 구성돼 있는 것이 장점이다. 또 개인의 영농 수준에 맞춰 적합한 교육을 추천하는 '역량진단'을 해주며, 이수한 교육의 이력 확인도 가능하다.

온라인 교육에는 귀농 교육뿐 아니라 품목기술·유통식품·정보화 등 일반 농업인을 대상으로 한 교육도 있으므로 오프라인 교육에 참여하기 어려운 농업인들도 활용할 만하다.

Q 귀농 교육 받으면 혜택이 있다던데?

정부에서 인정하는 교육을 100시간 이상 이수한 사람에게는 귀농창업자금 지원, 주택구입(신축)자금 저리대출 자격이 주어진다. 온라인 교육의 경우 총 이수시간의 50%를 인정하되, 최대 50시간까지만 반영된다.

다만 귀농 교육을 100시간 받았다고 해서 누구나 지원대상이 되는 것은 아니다. 귀농 교육은 자격조건일 뿐, 사업신청자 중 심사기준에 따른 심사점수가 60점 이상이 돼야 지원대상자로 선정된다. 또 지자체에 따라 해당 지자체의 귀농 교육을 이수한 사람에게 지원사업의 신청자격을 주는 경우도 있다.

정착지역 선택방법 (1)

예비 귀농·귀촌인이 정착지역을 선택할 땐 지역의 특화작목이나 지원정책 등을 꼼꼼히 살펴봐야 한다.
사진은 한 지자체에서 귀농·귀촌 상담을 하고 있는 모습.

풍광이 좋아서…고향 근처라서… 무턱대고 결정했다간 후회

삶의 터전은 한번 정하면 옮기기가 쉽지 않습니다. 그런 만큼 정착할 곳을 선택할 때에는 여러가지 요소를 고려해야 합니다. 풍경이 좋아서, 혹은 고향이어서 무턱대고 옮겼다가는 낭패를 볼 수 있지요. 정착지역 선택방법에 대해 두 차례에 걸쳐 알려드리겠습니다.

Q 정착지역 선택 시 고려해야 할 점은?

귀농·귀촌 지역을 정할 때 고려해야 하는 중요한 요소는 소득원이다. 특히 귀농의 경우 지역과 작목 선택을 함께 생각해야 한다. 소득원이 될 만한 작목과 그에 적합한 농지를 구할 수 있는 곳을 찾아야 한다.

이를 위해서는 지역의 특화작물을 살펴보면 도움이 된다. 지역이 결정됐다면 해당 지역의 특화된 작목을 우선적으로 검토하고, 작목이 결정됐다면 해당 작목이 특화된 지역을 우선적으로 검토하는 게 좋다. 대부분의 지자체들이 지역에 유리한 3~5가지 특화작물을 선정해 집중적으로 육성하고 있기 때문이다. 예를 들면 충남 논산지역은 마을마다 '딸기도사'가 몇 명씩 있고, 농업기술센터에도 딸기담당 공무원이 있으며, 딸기 재배·가공·판매와 관련된 교육도 수시로 이뤄진다.

반면 같은 충남이라도 예산에서는 딸기 대신 사과가 그런 대접을 받는다. 따라서 딸기를 재배하려면 예산보다는 논산이 낫다. 이는 100m 달리기를 할 때 20~30m 앞에서 출발하는 것과 같다고 할 수 있다.

❓ 고향 근처가 더 낫지 않을까?

흔히 지역을 정할 때 가장 먼저 떠올리는 곳이 고향이다. 그러나 고향 근처는 여러가지 장단점이 있으므로 잘 따져본 뒤 선택하는 게 좋다.

고향에서 고등학교까지 다니다 서울에서 대학을 졸업하고 교장으로 정년퇴직한 김숙자씨(66·가명)는 남편의 고향마을에 집을 지었다. 그런데 하루는 서울에서 교장 모임을 하며 알게 된 지인들이 방문해 마당에서 담소를 나누고 있는데, 마을 어르신이 우연히 들렀다가 남편 집안의 부끄러운 과거를 적나라하게 늘어놓고선 "그래도 자식이 이렇게 잘돼서 좋다"며 돌아가셨다고 한다. 김씨 부부는 그 일 이후론 고향으로 돌아가겠다는 지인들에게 꼭 잘 생각해 보라고 강조한다. 반면 4년 전 고향으로 귀농한 유민석씨(58·가명)는 고향마을이 아니었다면 어려움이 컸을 거라고 말한다. 마을 주민들과 갈등을 겪는 귀농인들이 많은데, 그는 마을 주민의 절반이 먼 친척이나 초등학교 동창생의 부모들이라 그런 문제를 전혀 겪지 않았다는 것. 오히려 트랙터 등의 농기계 작업이나 수확철 일손이 부족할 때 마을 어르신들이 적극 나서줘 큰 도움이 됐다고 한다.

Q 귀농 · 귀촌인들이 많은 지역은 어떨까?

귀농 · 귀촌인들이 선호하는 지역은 대부분 경관이 좋고 조용한 곳이다. 덕유산을 둘러싼 무주 · 진안 · 장수라든가 지리산 자락의 거창 · 함양 · 하동 · 산청 · 남원 · 구례 등이 그 예다.

다만 경관이 좋은 터는 이미 대부분 귀농 · 귀촌인들이 자리를 잡고 있어 마땅한 공간을 확보하는 것이 어렵고, 농사지을 문전옥답을 기대하기는 더더욱 어렵다.

따라서 최근에는 귀촌의 경우 경기 · 강원 · 충북 · 경북 · 제주지역을, 귀농은 충남 · 전북 · 경남지역을 선호하는 경향이 있다. 귀농인들이 많은 지역은 귀농 · 귀촌인들 간의 네트워크가 잘 형성돼 있어 정착 시 도움을 받기 수월한 것이 장점이다. 또 귀농인들에 대한 현지 주민들의 텃세도 비교적 적고, 비슷한 생각을 가진 사람들을 만날 수 있어 다양한 활동을 함께하기에 좋다.

CHAPTER 07

정착지역 선택방법 (2)

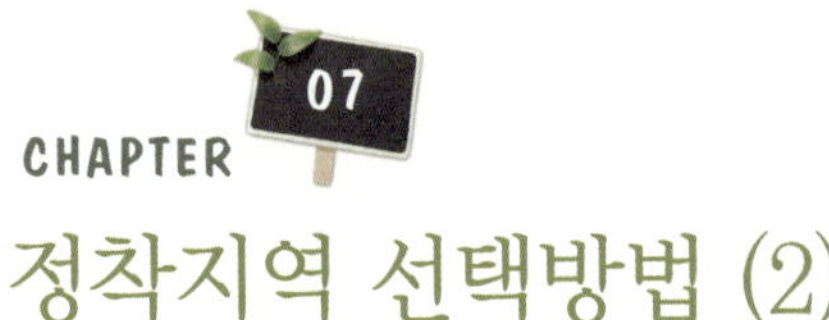

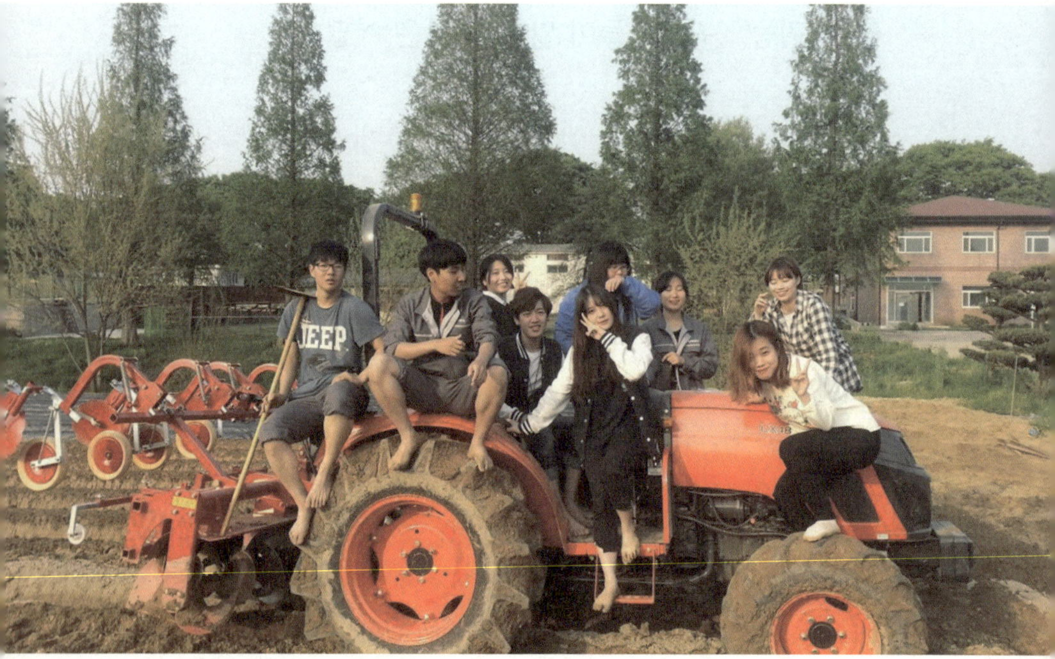

최근에는 젊은이들의 귀농이 늘고 있다.

교통·교육·의료 등 생활여건 꼼꼼히 살펴봐야

초등생 자녀 있으면 통학버스 운영 등 고려
지병 있거나 고령인 경우 병원 가까운 곳에

　　정착지역을 정할 땐 교통·교육·의료 등 생활여건을 꼼꼼히 살펴봐야 합니다. 농촌이든 도시든 사람이 사는 데 필요한 기본적인 조건이 충족되지 않는다면 생활이 불편하고 힘들어질 수밖에 없으니까요.

Q 도시와 가까운 곳이 좋을까, 먼 곳이 나을까?

　　각각 장단점이 있다. 시골 중에서도 오지나 산속 같은 곳에서 자급자족하며 조용히 살고 싶어 하는 사람들이 있다. 도시에서 멀리 떨어질수록 땅값이 싸고 자연환경이 좋은 것이 장점이다. 하지만 오지나 산속 같은 곳은 교통이 불편하기 때문에 자녀를 동반하는 등 생활동선이 넓은 가족에게는 불편할 수 있다.

또 마을과 떨어진 집터를 고를 때는 폭우·폭설·산불 등 자연재해의 위험을 감안해야 한다. 그런 의미에서 수백년 이상 온갖 자연재해를 겪어온 기존의 마을들은 이미 안전성이 검증됐다고 볼 수 있다. 반면 도시 근교는 도시에 사는 지인들과의 교류가 편리하고 나중에 자녀들이 쉽게 찾아올 수 있는 것이 장점이다. 이 경우 주의해야 할 점은 공장·창고·축사·폐기물 적치장 같은 피하고 싶은 시설들이 언제 주변에 들어설지 모른다는 것이다.

ⓠ 자녀교육을 생각한다면 어떤 곳이 좋을까?

농림축산식품부에 따르면 지난해 40대 이하 젊은층의 귀농·귀촌 증가율(43%)은 평균 증가율(37.5%)보다 높다. 이들 젊은층의 귀농·귀촌 동기 중 한가지로 꼽히는 것이 자녀교육이다. 하지만 도시로 재이주하는 사유 중 하나도 자녀교육 문제라는 점을 주목할 필요가 있다.

요즘 시골의 초등학교는 학생 수가 적은 것이 오히려 장점이 되고 있다. 교사들이 많은 관심을 가져주는 데다 특별활동도 다양하고 심지어 준비물도 대부분 학교에서 지원된다.

다만 자녀가 초등학교에 다니는 경우 집을 구할 때 통학버스 노선을 고려해야 한다. 자동차가 쌩쌩 달리는 시골길을 아이 혼자 걸어서 다니는 것은 매우 위험하기 때문이다. 그렇다고 농사일을 하면서 매일 자동차로 등하교를 도와주는 일도 쉽지 않다.

최근에는 젊은 귀농인들이 늘면서 학교 공동체를 중심으로 방과후 활동 지도나 나눔 지도를 하는 지역이 늘고 있다. 자녀교육이 우선이라면 가급적

이런 지역을 알아보는 것이 좋다.

또 초등학교 이후도 미리 생각해야 한다. 농촌의 중·고등학교는 대부분 읍지역에 있는데, 귀농은 면지역으로 하는 경우가 많다. 따라서 정착지를 결정할 때 자녀가 버스로 통학할 수 있는 곳인지를 살펴봐야 한다.

그 외에 정부나 지자체에서 스마트 러닝 시스템 보급, 거점 우수 중학교 육성 등의 시책을 펴고 있으므로 해당 지역 교육청을 방문해 상담을 받아보는 것도 필요하다.

Q 병원은 가까워야 한다던데?

자연 속에서 생활하는 만큼 시골에서는 잔병으로 병원 갈 일이 적다고 한다. 또 지역마다 보건진료소가 있고 요양보호사들이 순회 지원하는 프로그램도 있어 본인만 부지런하면 예방의료 지원의 혜택을 잘 받을 수 있다.

요즘은 웬만한 시골에서는 대부분 한시간 이내의 거리에 큰 병원이 있으므로 지레 겁먹을 필요 없다는 것이 선배 귀농·귀촌인들의 이야기다.

다만 도시와 달리 응급상황이 발생했을 경우 시설과 의료진이 갖춰진 큰 병원에 20~30분 내로 도착하기는 쉽지 않다. 따라서 지병이 있거나 고령인 경우 귀농지를 결정할 때 이런 부분을 고려해야 한다.

CHAPTER 08

정부 · 지자체 지원 잘 활용하기

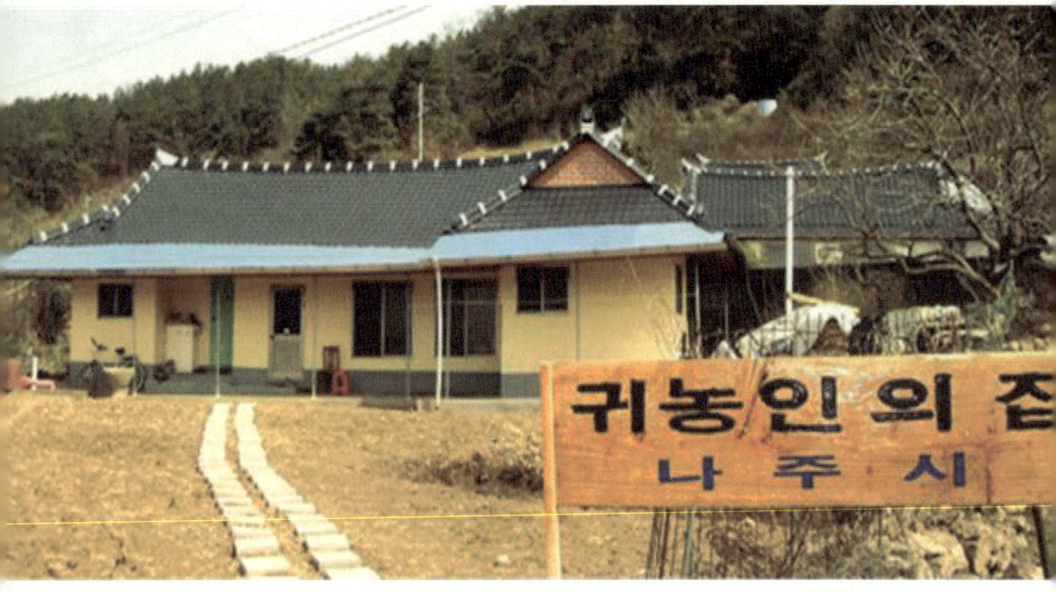

지자체에서 운영하는 '귀농인의 집'은 예비 귀농인이 임시 거처로 활용하기 좋다.
[사진제공=전라남도귀농종합지원센터]

보조·지원사업만 믿고 농사 시작했다간 '낭패'

정부, 2.7% 이자로 5천만 원 주택자금 빌려줘
지자체 운영 '귀농인의 집' 임시거처로 유용

농촌에서 새로운 삶을 꾸리려면 정착 비용이 필요합니다. 사실 돈을 싸들고 농촌으로 가는 경우는 많지 않지요. 또 자금을 충분히 마련했다 해도 살다 보면 예상보다 많은 비용이 들어 어려움을 겪기도 합니다. 따라서 정부나 지자체의 지원을 잘 활용하면 보다 쉽게 농촌에 정착할 수 있습니다.

Q 정부의 지원정책에는 어떤 것이 있나?

귀농·귀촌인들을 위해 정부는 여러 지원정책을 펼치고 있다. 대표적인 것이 '귀농인 창업자금 지원사업'이다. 영농기반, 농식품 제조·가공시설 신축(수리) 및 구입 등 농업기반 시설을 지원해주는 사업이다. 2% 이자로 최대 3억 원까지 5년 거치 10년 분할 상환조건에 대출해준다.

지원자격은 농어촌으로 이주해 농업에 종사하고 있거나 종사하고자 하는 사람으로, 농어촌지역 전입일을 기준으로 1년 이상 농어촌 이외의 지역에서 거주해야 한다. 또 지정된 귀농교육을 100시간 이상 이수해야 한다. 신청은 연중 가능하며, 귀농지역 주소지 관할 시·군 또는 농업기술센터로 하면 된다.

'귀농인 주택구입 지원사업'은 집을 마련할 때 요긴하다. 주택구입(대지구입 포함) 및 신축 시 세대당 5,000만 원 한도에서 2.7%(만 65세 이상은 2%)의 조건으로 빌려주고 있다. 지원자격은 창업자금과 동일하다.

Q 지자체에서 받을 수 있는 지원은?

지자체에서는 귀농인의 집 운영, 주택수리비 지원, 이사비용 지원, 대학생 학자금 지원, 교육훈련비 지원 등을 시행하고 있는데, 지자체마다 내용이 다르므로 해당 시·군에 확인해야 한다.

이 중 '귀농인의 집'은 거주지를 마련하지 못했을 때 이용하기 좋다. 지자체별로 건물을 신축하거나 기존의 빈집을 수리해 귀농·귀촌 희망자의 임시 거처로 제공하고 있다. 현재 전국적으로 164곳의 '귀농인의 집'이 운영되고 있다.

또 타운 형태의 '체류형 농업창업지원센터'도 올해부터 몇몇 지자체에서 도입하고 있다. 체류형 농업창업지원센터는 1~2년 동안 입주해 세대별 텃밭, 공동 실습농장 등에서 영농기술을 배우며 귀농을 준비하는 곳으로 강원 홍천, 충북 제천, 충남 금산, 전남 구례, 경북 영주 등이 모집 또는 준비 중에 있다.

Q 정부 · 지자체의 지원은 무조건 받는 게 좋을까?

정부나 지자체의 지원정책은 크게 '보조'와 '지원'으로 나뉜다. 보조사업의 경우는 받은 돈을 갚지 않아도 되지만, 지원사업은 융자 형태라 갚아야 한다.

예를 들어 비닐하우스를 짓는데 50% 보조사업이라면 총 사업비 6,000만 원 중 3,000만 원을 받게 된다. 다만 이때에는 해당 지자체에서 지정한 작물을 재배하거나 지정한 규격을 지켜야 한다. 우선은 본인 부담으로 비닐하우스를 짓고 이러한 규정을 지켰을 경우 총액에 해당하는 증빙서류를 제출하면 50%를 보조해준다.

따라서 고추농사 경험이 많은 사람이 시설재배를 하고 싶을 때 보조사업을 신청하면 가뭄에 단비가 되겠다. 하지만 고추농사를 지어본 적도 없는 초보자가 보조를 받을 경우 몇년 연속으로 농사가 잘못되거나 가격이 폭락하면 버티기 힘든 상황에 처할 수 있다.

지원사업도 이자나 상환방식이 다소 유리할 뿐이지 어디까지나 부채다. 따라서 보조나 지원만 믿고 농사를 시작해서는 안 된다. 보조나 지원은 도박과 비슷해 한번 빠지면 그 유혹에서 벗어나기 어렵다. 그래서 정부의 지원사업에는 아예 눈을 돌리지 않는 농업인들도 적지 않다.

CHAPTER 09

살 집 마련하는 방법

전원주택단지는 전기·상하수도 등 기반시설이 갖춰져 있다.
사진은 전남 화순에 한옥으로 조성된 농어촌 뉴타운 '잠정햇살마을'.

비용·시간 없다면
즉시 입주 가능한 농가주택 구입

신축전 마을 빈집 등서 먼저 살아보고 결정
'전원주택단지' 전기 등 기반시설 잘 갖춰져

귀농·귀촌할 때 가장 고민되는 것 중 하나는 살 집을 마련하는 것입니다. 고향의 옛집으로 들어가는 경우가 아니라면 헌 집을 사서 고쳐 쓰거나 땅을 사서 직접 집을 짓는 방법, 또는 정부나 지자체의 단지형 전원주택을 놓고 고민하게 됩니다. 살 집을 마련하는 다양한 방법을 알아봅니다.

Q 농가주택을 구입하면 어떨까?

기존의 농가주택을 구입하면 시간과 비용을 줄일 수 있는 것이 장점이다. 대부분 전기·전화·수도 등 기반시설이 갖춰져 있기 때문이다. 또 토지를 매입해 집을 신축할 때 필요한 농지전용이나 건축허가 등의 절차를 거치지 않아도 된다.

계약 즉시 입주가 가능하다시피 하므로 살면서 용도에 맞게 천천히 고치면 되고, 지자체의 빈집수리비도 일부 보조받을 수 있다. 비용이나 시간적 여유가 없는 사람들에게 적합한 방법이다.

단점이라고 한다면 화장실이나 주방 등이 대부분 재래식이고 천장이 낮아 불편하다는 것이다. 따라서 농가주택을 구입할 때는 리모델링을 하면 되는 수준인지, 허물고 새로 신축해야 하는 수준인지를 잘 검토해봐야 한다. 조금씩 수리하다 보면 결국 비용은 신축 수준으로 늘어나고, 집은 오히려 누더기처럼 되어버릴 수 있다.

ⓠ 귀농하자마자 집을 짓는 게 좋을까?

집을 짓는 것은 1년 정도 빈집 등을 이용해 살아본 뒤 결정하는 것이 좋다.

귀농인 A씨는 부동산 등을 통해 마을에서 약간 떨어진 큰길 옆의 좋은 땅을 아주 싼값에 매입해 집을 짓고 입주했다. 그런데 나중에 알고 보니 집을 지은 곳이 예전에 마을 상엿집 터라는 것을 알고 황당했다고 한다. 1년 정도만 마을에서 지냈다면 충분히 알고도 남을 일이었지만 낯선 사람에게 그런 얘기를 해주는 사람은 거의 없다고 봐야 한다.

농가주택을 신축할 경우에는 가급적 여러 집을 벤치마킹하는 것이 좋다. 무조건 집을 크게 짓고 싶어하는 사람들이 많은데, 실제로 집은 작게 짓는 것이 더 효율적이다.

본채는 부부가 살 정도로 작게 짓고 나중에 천천히 별채를 짓는 것도 좋은 방법이다. 집이 크면 건축비는 물론 난방비 등 유지관리비가 많이 들고 그만큼 스트레스도 커진다. 또 자식들이 와서 지낼 때에도 따로 떨어진 별채가 훨씬 효과적일 수 있다.

Q 전원주택단지의 분양을 받아도 괜찮을까?

전원주택단지의 장점은 도시 못지않은 기반시설을 갖춘데다 비슷한 환경의 이웃이 있어 정서적 편안함을 얻을 수 있다는 것이다. 특히 최근에는 동호인이나 동창끼리의 공동 귀촌에 관심이 많다. 이런 경우 기존의 마을에서는 공간을 구하기도 어렵고 생활문화도 다르기 때문에 전원주택단지를 활용하면 도움이 된다.

다만 전원주택단지에 살게 되면 기존 마을 주민들과 위화감이 생길 수 있다. 농사를 짓는다면 품앗이를 하거나 농기계를 나눠 쓰기에는 한계가 있다. 또 민간업체들이 주도하는 전원주택단지의 경우 업체의 부실로 인한 도산이나 공사 지연, 토지 전매 등의 피해를 보는 사례가 있으므로 주의해야 한다.

이 같은 피해를 막으려면 정부나 지자체에서 추진하는 '농어촌 뉴타운 사업'이나 '전원마을 사업'에 참여하는 것도 한 방법이다. 귀농인을 대상으로 하는 농어촌 뉴타운은 전국에 5곳이 조성돼 입주를 마친 상태이며, 귀촌인을 대상으로 하는 전원마을은 2014년 현재 160지구가 완료되었거나 추진 중이다.

CHAPTER 10

농가주택 구입 · 수리하기

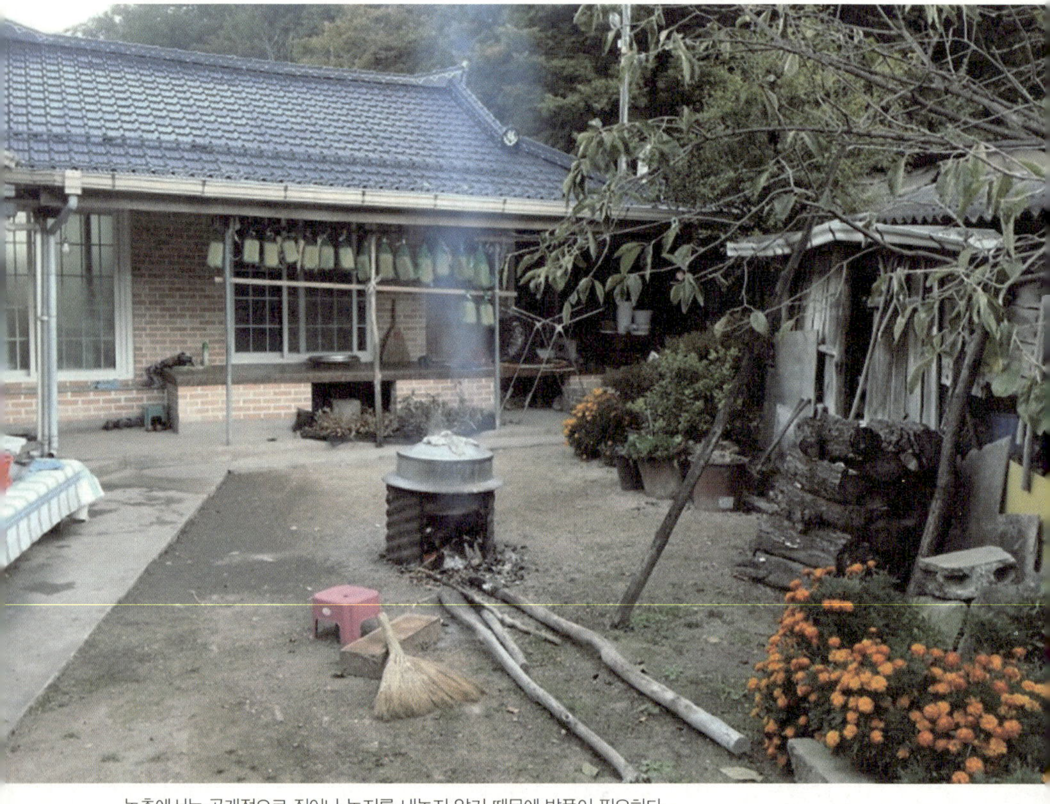

농촌에서는 공개적으로 집이나 농지를 내놓지 않기 때문에 발품이 필요하다.

마을 이장·주민과 친분 쌓으면 빈집 찾기 수월

관심지역 귀농·귀촌인 조직 적극 활용
단열 신경쓰고 기둥·지붕 교체땐 신축 고려

지은 지 오래된 시골의 빈집을 구입할 땐 수리해서 살 만한 수준인지 잘 살펴봐야 합니다. 기존의 농가주택을 구입하면 좀 더 수월하게 농촌에 정착할 수 있습니다. 기반시설이 갖춰져 있는데다 집을 새로 짓는 데 따르는 경제적·심리적 부담도 줄일 수 있지요. 다만, 구입 및 수리 과정에서 문제가 생길 수 있으니 잘 알아보고 결정해야 합니다.

Q 농가주택에 대한 정보는 어떻게 얻을까?

시골에서는 집이나 농지를 내놓는 것을 부끄럽게 여기는 문화가 있어 여간해서는 인터넷 등 공개적인 곳에 알리지 않는다. 부동산업체를 통해 알아본다고 해도 매물도 부족하거니와 주변 여건이나 집의 구조 등이 천차만별이라 마음에 드는 곳을 찾기가 어렵다.

예비 귀농인들의 경우 대부분 마을까지 정해놓고 빈집이나 집터를 알아보므로 마을 이장이나 현지의 지인, 귀농 선배들에게 부탁하는 것이 더 효율적일 수 있다. 관심 지역에 귀농·귀촌인 협의회가 있다면 적극 활용하는 것도 좋은 방법이다. 그러나 이 경우 협의회나 마을 이장에게 부탁해놓고 연락이 오기만을 기다린다면 감나무 밑에서 입을 벌리고 있는 것이나 다름없다.

충남 홍성의 귀농인 금창영씨(45)는 '333방식'을 시도해보라고 권한다. 마을에 찾아가 누군가에게 빈집을 부탁했다면 3일에 한번은 안부전화를 넣고, 3주에 한번은 지나다 들러보고, 3개월에 한번은 농사일도 돕고 하룻밤 정도 자고 오라는 것이다. 그 정도라면 그 마을에서 빈집이나 농지가 나오면 '0순위'로 연락을 받게 될 거라며 신뢰와 대면관계가 중요하다고 강조한다.

ⓠ 농가주택을 구입할 때 주의할 점은?

농가주택 구입은 비교적 단순한 매입 절차만 거치면 된다. 다만, 집이 있다고 무조건 사버리면 나중에 법적으로 곤란한 상황을 겪을 수도 있다.

윗대에서 땅을 가진 사람이 다른 사람에게 집을 짓고 살도록 배려해준 경우, 현재의 법적 기준으로는 건축물과 토지의 소유권이 달라 곤란해질 수 있다. 또 건축물과 토지의 소유권이 같다고 해도 부모님이 돌아가신 뒤 자식들 간의 상속 문제로 등기가 깔끔하지 않은 경우도 있으므로 주의해야 한다.

따라서 건축물대장 및 토지대장을 발급받아 확인해야 한다. 또 집터의 지목이 대지가 아니라 농지나 임야일 수도 있고, 무허가 건물인 경우도 종종 있다.

농가주택을 구입할 때에는 토지이용계획 확인원·지적도·토지대장·토지등기부등본·건축물대장·건물등기부등본 등을 확인해야 한다.

Q 농가주택 수리는 어떻게 할까?

허물어진 벽을 시멘트나 벽돌로 보수하기, 재래식 부엌이나 화장실을 현대식으로 바꾸기, 온돌 위에 보일러 배관 깔기. 이 정도의 수리로 살 만하다면 해당 농가주택을 구입해도 좋다.

그러나 만약 기둥의 아랫부분이나 지붕을 교체해야 하는 상황이라면 비용이 훨씬 커지므로 수리해서 살 것인지, 신축할 것인지, 다른 집을 알아볼 것인지 판단해야 한다.

빈집을 얻어 수리하기로 했다면 무엇보다도 내외부의 단열에 신경 써야 한다. 또 과거보다 가전제품이 많은 만큼 사용 전기의 용량에는 문제가 없는지, 기존 상하수도와 정화조의 사용량이 적당한지도 확인해야 할 사항이다.

집수리 업체를 선정할 땐 이전에 공사한 집을 찾아가 집주인에게 불편한 점은 없는지 확인하는 것이 좋다. 나중에 추가적인 보수까지 감안하면 지역에 있는 평판 좋은 향토업자에게 맡기는 것도 좋은 방법이다.

CHAPTER 11

농가주택신축 (1) 집터 구하기

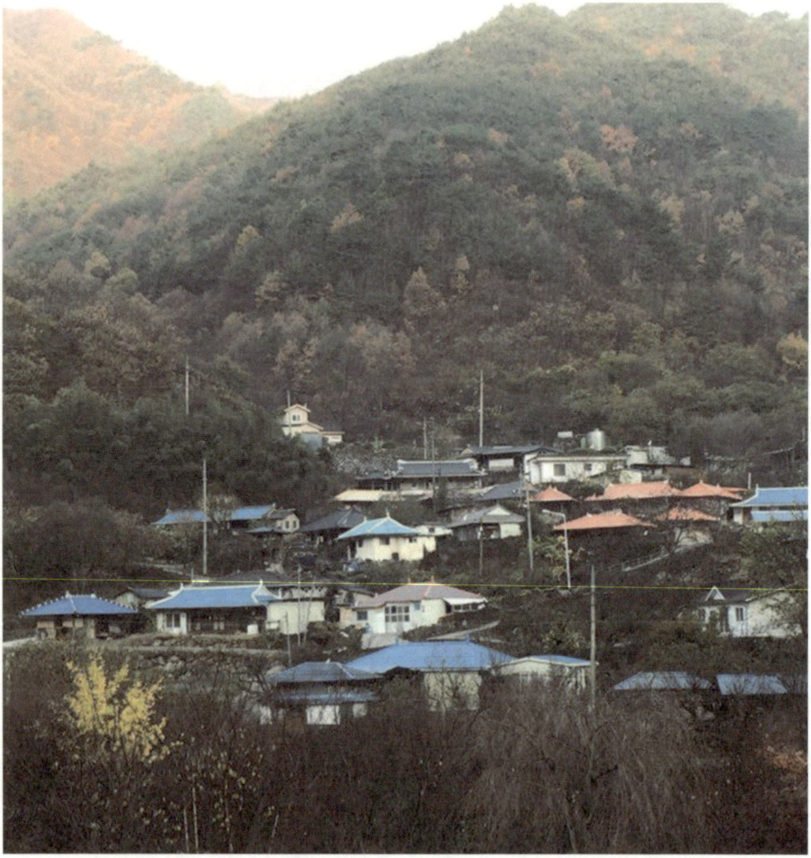

집터는 큰 토목공사 없이 택지 작업이 가능한 곳이 좋다.

'그림 같은 집' 지으려면
주변 혐오시설 살펴보고 구입

큰 토목공사 없이 택지작업 가능한 곳 선택
집터 계약 땐 비용 들어도 토지경계 측량을

'저 푸른 초원 위에 그림 같은 집을 짓고….' 이 노래 가사처럼 시골에서 그림 같은 집을 짓고 살고 싶으신가요? 그러나 꿈을 이루기 위해서는 넘어야 할 산이 많습니다. 집터 구하기부터 설계와 시공까지 집을 짓는 과정은 만만치 않기 때문입니다. 주택을 신축하는 데 필요한 정보를 세 차례에 걸쳐 알아봅니다.

Q 집터로 적당한 곳은?

집터를 구할 땐 주변 환경을 잘 살펴봐야 한다. 공장이나 폐기물 적치장 같은 시설이 주변에 있는지, 혹은 나중에라도 그런 시설이 들어올 만한 곳은 아닌지 확인한다. 농약이 유입될 수 있으므로 과수원도 너무 인접해 있으면 좋지 않다.

전북 남원으로 귀농한 최희진씨(가명)는 집 뒤에 대나무숲이 있으면 습기가 차는 경우가 있으니 주의하라고 조언한다. 큰 토목공사 없이 택지작업이 가능한지 따져봐야 한다. 가격이 저렴하다고 덜컥 구입하면 가격차이 이상으로 토목공사 비용이 들어갈 수 있다.

전남 장성으로 귀농한 문영호씨(가명)는 기존의 헌 집을 구매해 집을 지으면 여러 가지 어려운 점들을 한꺼번에 해결할 수 있다고 말한다. 농촌 지역 대부분의 토지는 지목이 농지라 집을 지을 수 있는 대지를 구하기 어려우므로 헌 집을 구매하는 것이 최선이며, 그곳이 명당이라는 것이다. 마지막으로 귀농해서 집을 짓고 사는 사람들이 한결같이 하는 얘기가 있다. 부득이한 경우가 아니라면 남향으로 지을 수 있는 터를 구하라는 것. 시골의 겨울은 춥고 길기 때문이다.

Q 집터를 구입할 때 주의할 점은?

토지 구입 전에는 반드시 토지이용계획확인서와 토지대장, 토지등기부등본, 건축물대장, 건물등기부등본(기존 건물이 있는 경우), 담보상태 등을 꼼꼼히 확인해야 한다.

최종적으로는 지자체 담당자를 찾아가 건축허가가 나는 토지인지, 당장 허가가 나지 않는다면 허가 조건이 무엇인지를 알아본다. 지적도상 도로가 없는 맹지는 가급적 구입하지 않는 것이 좋다.

부지를 매입할 때 부동산 중개소를 통하지 않았다면 법무사에 의뢰해 계약서를 작성하는 것이 안전하다. 또 토지 계약 때 비용을 본인이 부담하더라도 토지 경계측량을 하는 것이 좋다. 시골 땅은 흔히 '여기서 저기까지'로 통하는데, 얘기만 듣고 구입했다가 낭패를 당할 수 있어서다. 이를 예방하려면 국토교통부의 스마트폰 애플리케이션 '스마트 국토정보'를 활용해보자. 이 앱을 이용하면 원하는 토지의 경계선과 위성사진을 볼 수 있고, 지목이나 공시지가까지도 알 수 있으므로 경계선 문제로 분쟁이 생길 만한 토지를 피하는 데 도움이 된다.

Q 부지 매입 절차는 어떻게 되나?

농업인은 관리지역과 농림지역 중 농업진흥지역 내에서도 농가주택을 지을 수 있다. 따라서 구입하고자 하는 부지가 농업진흥지역에 있다면 먼저 농업경영체 등록을 하고 토지를 매입해 집을 짓는 것도 방법이다.

또 부지가 대지인 경우는 보통의 부동산 매매와 다를 바 없지만, 농지에 주택을 신축할 때는 그 부지의 지목을 대지로 변경하는 전용허가 절차를 거쳐야 한다.

농지를 대지로 변경하는 것은 도시지역 내에서는 개발행위허가라 하고, 그 외의 지역에서는 농지전용이라 한다. 농지를 전용하기 위해서는 농지보전부담금을 내야 하는데, 농지보전부담금은 농지의 보전·관리 및 조성을 목적으로 필요한 재원을 확보하기 위한 것이다.

농지전용을 한 이후에는 농지전용신고증을 가지고 지자체의 해당부서에서 개발행위허가를 받아야 한다.

CHAPTER 11

농가주택신축 (2) 건축 유형과 설계

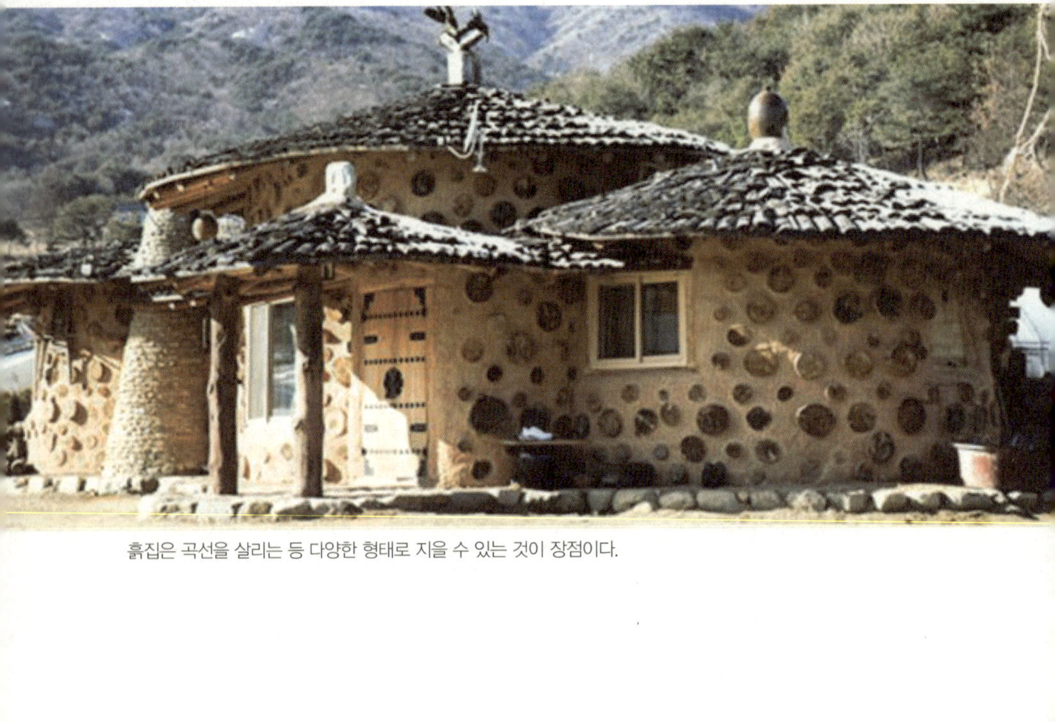

흙집은 곡선을 살리는 등 다양한 형태로 지을 수 있는 것이 장점이다.

원하는 집의 형태·크기 미리 구상해야 시행착오 줄여

흙집·목조주택 등 장·단점 잘 따져 결정
최대한 작게 짓고 농사지으면 창고 필수

시골살이의 정점은 내 집을 짓는 것이라 해도 과언이 아닙니다. 그러나 준비가 부족한 상태로 서둘러 집을 짓게 되면 집의 형태나 구조가 마음에 들지 않거나 생각보다 많은 비용이 들어 어려움을 겪기도 합니다. 따라서 원하는 집의 형태나 크기를 미리 생각해 두고 준비해야 시행착오를 줄일 수 있습니다.

Q 집은 어떤 형태가 좋을까?

흙집(황토집)은 시골살이를 계획하는 이라면 누구나 한번쯤 생각해 보는 집이다. 이른바 '숨 쉬는 집'으로 여름에 시원하고 겨울에 따뜻한 것이 장점이다. 또 건축자재에서 유해물질이 나오지 않아 건강에 좋은 집으로 알려져 있다. 흙집은 손맛을 살려 직접 지을 수 있는 것도 매력이다. 귀농 관련 단체나 건축업체의 흙집 교육에 참가하면 도움을 받을 수 있다.

단점은 건축단가가 높고 관리가 까다롭다는 것이다. 또 아무래도 벽면에서 발생하는 미세먼지나 밖에서 들어오는 벌레 때문에 깔끔한 느낌은 덜하다. 실제로 지을 땐 경도가 약하다는 이유로 시공업체에서 흙에 생석회나 시멘트를 섞는 일이 없는지 잘 살펴야 한다.

시골에서 흔히 볼 수 있는 집 가운데 또 하나는 조립식 주택이다. 조립식 주택은 건축단가가 낮고 시공이 빠른데다 설계 변경이 용이하다. 그러나 통기나 수분 배출이 잘 안 되고 화재 발생 때 위험이 크다.

목조주택은 전원주택의 가장 전형적인 모델이다. 강원 원주에서 목조주택에 살고 있는 김용길씨(65)는 비용은 다소 비싸지만 자재가 규격화돼 1~2개월이면 시공이 가능하고 조립식에 비해 고급스러운 분위기를 낼 수 있다고 조언한다.

콘크리트주택은 건물 내구성이나 단열이 좋으며 외장재가 다양해 건축주의 취향에 가장 근접하게 지을 수 있다. 반면 방수나 단열이 제대로 되지 않으면 누수·결로 등이 생길 수 있으므로 가능하면 경사식 지붕으로 설계하는 것이 좋다.

ⓠ 집의 구조는 어떻게 할까?

2008년 충북 충주로 귀농해 정부의 귀농·귀촌 현장지도교수로 활약 중인 손병용씨(45)는 집을 최대한 작게 지으라고 조언한다. 대신 자녀들이나 손님들이 방문했을 때 편하게 이용할 수 있는 작은 황토방 짓기에 도전할 것을 권한다.

시골의 겨울은 춥다. 아파트만큼 단열이 잘될 거라는 기대는 아예 접어야 한다. 땔감이나 여러가지 부산물을 사용해 난방을 하는 아궁이 겸용 보일러를 이용하면 비용을 줄이면서 단열을 강화할 수 있다.

집의 동선은 아파트와 별 차이가 없지만 주방 쪽에 텃밭이나 장독대로 통하는 문을 두면 편리하다. 또 농사를 짓는다면 창고는 필수다.

Q 설계와 인허가 절차는?

2013년 집을 지어 입주한 문영호씨(44 · 전남 장성)와 이유호씨(59 · 충남 부여)는 설계변경이나 인허가, 준공처리 등을 생각한다면 설계는 지역의 설계사무실에 맡기라고 한목소리로 말한다. 도면에서 마감치수나 마감자재 등이 정확히 나와야 시공할 때 어려움이 없기 때문에 전문성이 있는 설계사무실에 맡기라는 것이다. 또 시공 중 설계가 변경되면 건축비도 상승하므로 초기 설계를 완벽하게 해야 낭비를 줄일 수 있다.

설계가 끝나면 건축 인허가 절차가 필요하다. 인허가 전 확인해야 할 사항으로는 도로 확보(맹지일 경우 사용동의서), 오수 및 하수 처리, 인허가 일정 및 절차이다. 인허가 관청에 사전심의를 신청하면 되는데 심의기간은 약 1개월이 소요된다. 건축할 대지에 옛집이 있을 경우 해당 읍 · 면사무소에 멸실 신고를 해야 한다.

CHAPTER 11

농가주택신축 (3) 건축물 시공하기

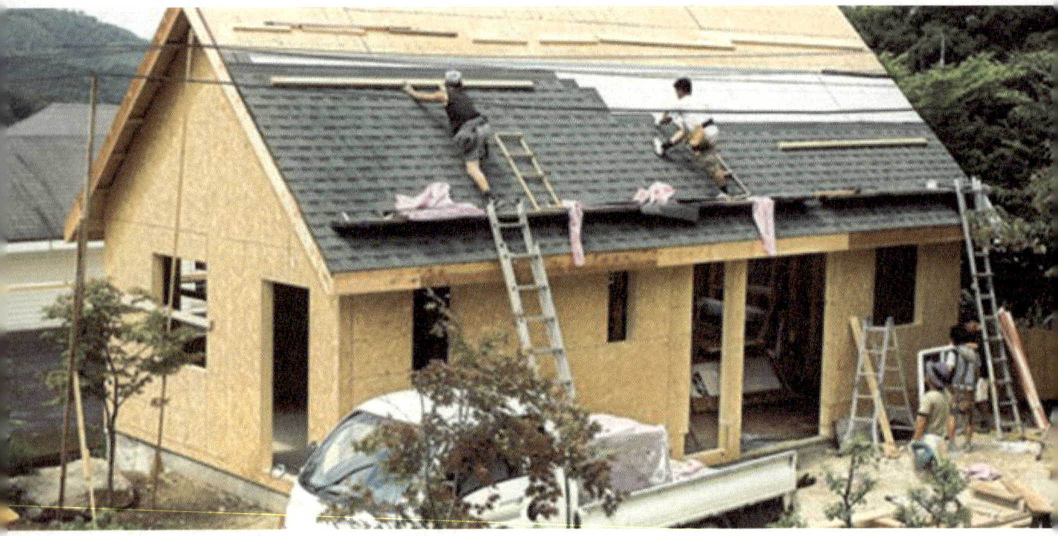

시공 과정에서는 방부 · 방습 · 방충 등에 적합한 마감 자재가 사용되는지 잘 확인해야 한다.

여러 업체 견적 비교해야
비용만 따지다간 부실 불러

방습 등에 효과적인 자재사용 여부 확인
직접 시공하면 비용 덜 들고 보람도 느껴

집의 형태를 결정하고 설계까지 했다면 이제 그림을 현실로 만들 차례입니다. 바로 시공인데요. 시공 과정에서는 예상치 못한 갖가지 문제들이 발생할 수 있습니다. 이 같은 문제를 최소화하려면 무엇보다도 좋은 시공업체를 만나는 것이 중요합니다.

Q 시공업체 선정은 어떻게 할까?

좋은 시공업체를 만나려면 귀농지를 선택할 때처럼 발품을 팔아야 한다. 목조주택·스틸하우스·황토집 등 원하는 형태의 집을 찾아다니며 집주인과 얘기를 나눠보는 것도 도움이 된다.

그런 다음 몇 군데 업체로부터 견적을 받아 보는 것이 중요하다. 실제 견적을 받아 보면 같은 크기와 구조인데도 가격이 천차만별이라는 것을 알 수 있으며, 견적서 내역만으로도 업체의 특성을 파악할 수 있다.

㈜OK시골의 김경래 대표는 "내역서에 품명·규격·단위·수량을 명기하는 등 설계도면과 가장 근접하게 견적을 낸 업체를 선정하는 것이 좋다"고 강조한다.

그는 또 "집은 돈을 들인 만큼 지어진다"며 "건축비에 너무 집착하지 않아야 한다"고 덧붙인다. 건축비를 낮추다 보면 결국 업체에서는 품질이 낮은 저가 자재를 사용하는 방식으로 비용을 줄이게 된다는 얘기다.

전남 장성에 집을 지은 문영호씨(44)는 "업체가 결정되면 반드시 구조와 자재의 종류, 공사 범위, AS(애프터서비스)기간 등을 명시한 계약서를 작성한 뒤 업체에 계약이행증권 제출을 요청하라"고 조언한다. 계약이행증권은 계약대로 시공하겠다는 보증서다.

또 공사가 끝나면 잔금 지급 전에 하자이행증권을 받아야 한다. 그래야 공사 이후 하자 발생으로 인한 업체와의 갈등을 최소화할 수 있다.

ⓠ 시공 과정에서 주의해야 할 점은?

주택 시공은 가설공사 → 터파기 → 골조공사 → 외부 마감공사 → 내부 마감공사 → 조경공사의 순으로 진행된다. 시공 중에는 특히 방부와 방습·방충 등에 효과적인 자재로 마감했는지 확인해야 한다. 원목이나 황토 등이 외부에 노출되는 경우 방부·방습·방충 등에 더 신경을 써야 한다. 또 전기·수도·정화조 등은 관리하기 편하도록 시공돼야 한다.

겨울철 난방비를 줄이기 위해서는 난방시스템의 선택도 중요하다. 요즘은 다양한 난방시스템이 나오기 때문에 보일러와 벽난로 등 여러 시스템을 혼용하는 것도 한 방법이다.

건강을 위해 나무나 황토 등 천연 소재의 집을 선호하는 경우가 많은데, 이땐 시공 이후 관리방안과 비용에 대한 검토가 이뤄져야 한다.

ⓠ 혼자, 또는 여럿이 함께 직접 짓는 건 어떨까?

경남 하동으로 귀농한 권영신씨(53)는 시공업체에 맡기지 않고 거의 모든 과정을 자신이 직접 주도해 집을 완성했다. 그러나 입주 후 상당 기간 자신이 지은 집을 볼 때마다 후회되는 부분이 많았다고 한다. 공간 배치나 문짝의 크기, 바닥 자재 등 당시 상황에 밀려 어쩔 수 없이 선택했던 부분들이 지금까지도 눈에 거슬린다는 것이다.

이처럼 직접 시공을 하더라도 자신이 원하는 대로 집이 완성되는 것은 아니다. 다만 비용을 줄일 수 있고, 내 집을 직접 지었다는 보람을 느낄 수 있는 것이 장점이다.

여럿이 공동으로 집을 짓는다면 모두를 만족시키기는 더욱 쉽지 않다. 따라서 이 경우엔 집의 구조나 내부를 똑같이 하기보다는 건물의 형태나 색채 등에 대한 규정만 합의한 뒤 각자 취향에 맞도록 짓는 것이 현실적이다.

독일이나 유럽의 농촌마을 경관이 아름답게 유지되는 것은 이 같은 수준의 규제가 있기 때문이다.

CHAPTER 12

농지 구하기 (1) 구입 시 주의점

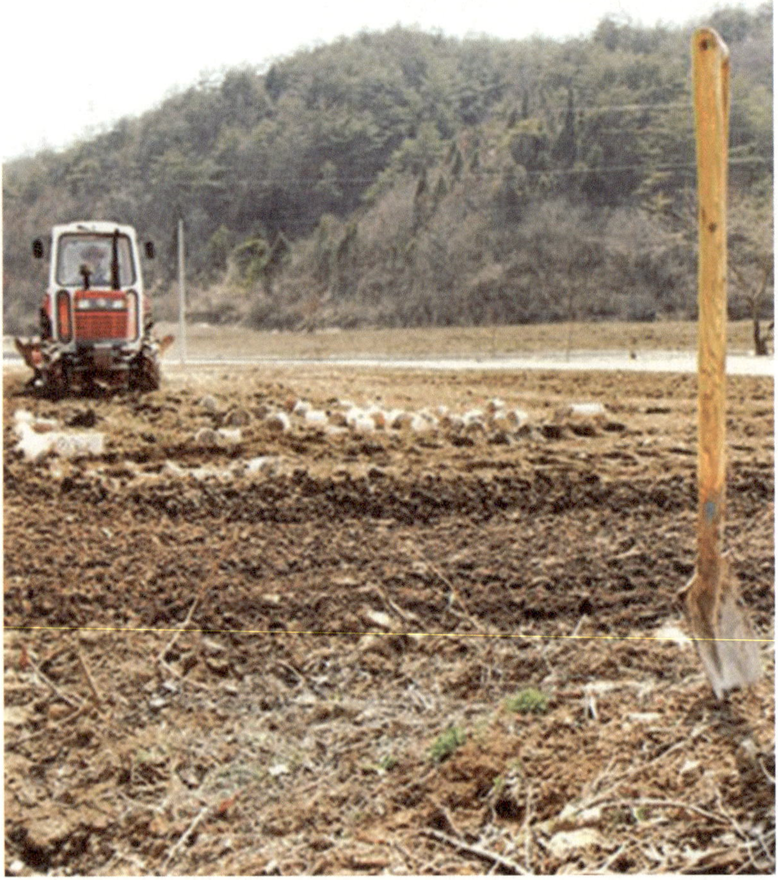

조건이 불리한 농지일 경우 저렴하게 구입해 토목공사로 토지 여건을 개선하는 것도 한 방법이다.

재배 작물에 적합한 토질과
기후 특성 고려해 결정

거친 땅 싼값에 구입해 일구는 것도 한 방법
농지취득자격증명 있어야 소유권 이전 가능

귀농을 생각한다면 농사지을 수 있는 농지를 마련해야 하는데요. 좋은 땅을 구해야 시행착오를 줄일 수 있습니다. 좋은 농지의 조건과 구입 절차, 농지를 구하는 다양한 방법 등에 대해 두 차례에 걸쳐 알아봅니다.

Q 좋은 농지의 조건은?

우선 원하는 작물에 적합한 토질과 입지 조건을 고려해야 한다. 구체적으로는 물빠짐, 비옥도, 경사도, 햇빛을 받는 방향, 농업용수 확보, 농기계 작업의 용이성, 풍수해 피해 여부 등 여러 조건을 따져봐야 한다.

그러나 충남 당진에서 이장을 맡고 있는 유재석씨는 "최근 귀농인들이 늘면서 전국 어디를 가더라도 모든 조건이 좋은 농지를 구하기는 어려울 것"

이라면서 "여건이 다소 불리한 농지라도 저렴하게 구입해 토목공사로 토지 여건을 개선하는 것도 한 방법"이라고 조언한다.

경남 하동·전남 보성의 녹차나 제주의 감귤처럼 작물에 따라서는 기후적인 특성도 고려해야 한다. 또 농번기에는 일꾼을 써야 하는 경우가 있는데, 농지가 여기저기 흩어져 있으면 이 밭 저 밭으로 새참을 나르다가 해가 저물어 버리는 수가 있다. 따라서 한 장소에 농지를 확보하는 것도 중요하다.

농지의 특성을 보다 쉽게 확인하려면 농촌진흥청에서 운영하는 토양환경정보시스템 '흙토람'(soil.rda.go.kr)을 활용해보자. 흙토람에 들어가 농지의 지번을 입력하면 작물의 재배적지와 토양 특성 등 해당 농지에 대한 다양한 정보를 얻을 수 있다. 또 이장 등 마을의 농지 사정을 잘 아는 사람을 통해 해당 농지에 대해 알아보는 것도 좋다.

Q 농지 구할 때 주의할 점은?

원칙적으로 농지는 농업경영에 이용하거나 이용할 자가 아니면 소유하지 못한다. 정부에서는 농지 취득시 그 용도 및 목적에 따라 가능 여부를 법으로 엄격히 제한하고 있다. 따라서 일부 부동산 중개인의 말만 믿고 농지를 산 후 직접 농사를 짓지 않아 처분명령이나 이행강제금 부과 등 불이익을 받지 않도록 주의해야 한다.

다만, 주말·체험영농을 위해서라면 농업인이 아닌 도시민도 제한적으로 농지를 취득할 수 있다. 이 경우 세대원들의 소유 면적을 합산한 총 면적이 1000㎡(약 300평) 미만이어야 한다. 농지는 농업진흥지역으로 지정된 농지와 지정되지 않은 농지로 구분된다. 농업진흥지역은 경지정리·용수개발 등이 잘된 농지로, 농업생산과 관련 없는 토지이용 행위가 엄격하게 제한된다. 농업진흥지역 외 농지는 다른 용도로의 전용허가가 비교적 자유롭다.

농지의 종류를 확인하려면 토지이용계획확인서를 살펴보면 되는데, 농업진흥지역 안의 농지는 '농업(진흥·보호)구역'으로 표시돼 있다.

ⓠ 농지 구입 절차는?

농지 구입은 개인끼리 거래하거나 부동산 중개소를 통해 거래하는 등 집을 구입하는 방식과 크게 다를 바 없다. 다만, 구입한 농지를 등기이전하려면 반드시 농지취득자격증명이 있어야 한다. 농지취득자격증명이 없다고 원소유주가 등기이전을 해주지 않아 소송 중인 사례도 있다.

농지취득자격증명은 농지 소유자격과 소유상한 등을 심사해 적격자에게만 농지의 취득을 허용하는 것이다.

농지취득자격증명을 받으려면 해당 농지를 관할하는 시·구·읍·면장에게 신청하면 된다. 제출서류는 농지취득자격증명 신청서, 농업경영계획서, 주민등록등본(법인은 법인등기부등본), 농지원부 등본, 농지취득자격이 있음을 입증하는 서류 등이다. 해당 관청은 농지취득자격증명 신청서와 농업경영계획서 내용이 실현 가능하다고 인정될 때 자격증명을 발급한다.

단, 주말·체험영농 목적으로 1000㎡ 미만의 농지를 취득할 경우에는 농업경영계획서를 작성하지 않아도 된다.

CHAPTER 12

농지 구하기(2) 다양한 농지 마련 방법

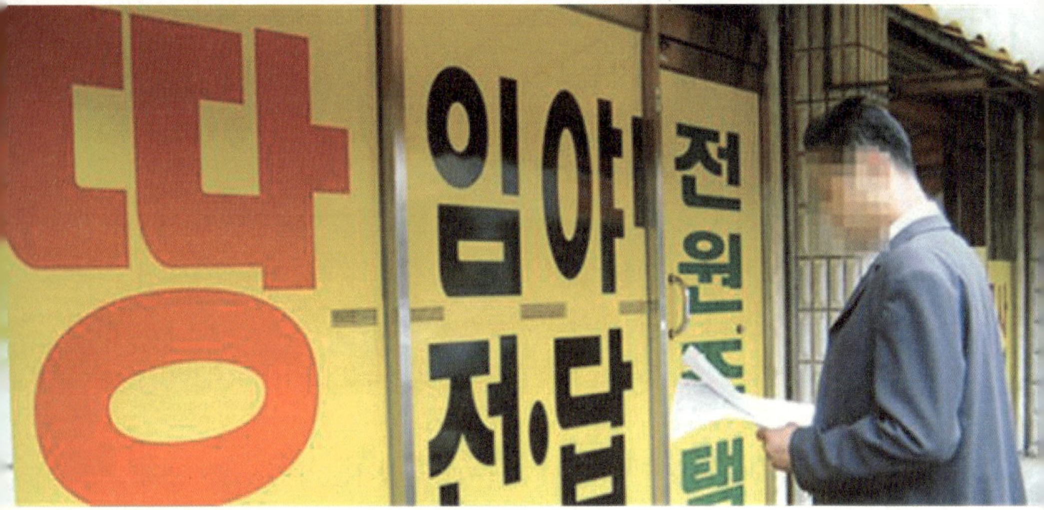

농지를 빌릴 때에는 임대차가 가능한 땅인지를 확인해야 한다.
사진은 농촌지역의 땅을 알선하는 한 부동산 업체.

구입 결정은 천천히
원하는 농지 없으면 임대 사용

임대차가 가능한 땅인지 먼저 확인
산지전용허가 받고 임야를 농지로

누구나 좋은 땅을 사고 싶어 하지만 입맛에 맞는 농지를 구하기란 쉽지 않습니다. 최선이 아니라면 차선을 택하는 것도 방법인데요, 농지를 임대하거나 산지 또는 국공유지를 활용해보면 어떨까요? 농지를 마련하는 다양한 방법을 알아봅니다.

Q 농지를 임대하는 방법은?

대부분의 경험자들은 귀농하자마자 농지를 구매하기보다는 임대하는 것이 좋다고 이구동성으로 말한다. 귀농 초기에는 농사기술이 없는데다 쓸 만한 농지를 구하는 것도 여의치 않기 때문이다.

농지는 임대료가 싸다고 덜컥 빌리면 안 된다. 자칫하면 자갈밭이나 맹지·수렁논을 빌리게 될 수 있다. 그 경우 임대료보다 종자·퇴비와 같은 재료비나 인건비가 더 많이 든다. 따라서 시간을 두고 적극적으로 발품을 팔아야 한다.

시골에서는 사람을 보고 임대해주는 경향이 있으므로 마을 이장에게 문의하면 많은 정보를 얻을 수 있다.

농지를 빌릴 때에는 개인 간 임대차가 가능한 땅인지를 먼저 알아봐야 한다. 원칙적으로 농지 임대차는 금지돼 있으나 농지법상 예외적으로 허용하고 있기 때문이다.

농지법 시행(1996년 1월 1일) 이전부터 소유하고 있던 농지에 한해 임대차가 허용되는데, 농지법 시행 이후 취득한 농지라도 다음 조건에 해당되면 가능하다. 60세 이상 고령자가 5년 이상 자경한 농지, 시장·군수가 고시한 영농여건불리농지, 농지은행에 위탁한 농지 등이다.

한편 정부에서는 임차농업인의 안정적인 영농 보장을 위해 임대차 계약 기간을 3년 이상으로 정하도록 하고 있다.

ⓠ 산지를 농지로 쓸 수 있을까?

지목이 임야이더라도 형질변경(객토·성토 등을 통해 농지로 만드는 것) 후 3년 이상 계속해 농작물 경작이나 다년생 식물의 재배에 이용했다면 농지법상 농지(사실상 농지)에 해당된다. 다만, 산지관리법에 의한 허가나 신고 없이 개간된 산림은 비록 개간 후 농지로 이용하고 있다 하더라도 복구되어야 할 산림에 해당된다는 것이 대법원 판례다.

'사실상 농지'인지에 대해서는 관할 기관에서 항공사진·과세자료 등 자료를 통해 사실관계 확인, 현지조사 등을 거쳐 판단한다. 사실상 농지로 확인이 안 된 경우에는 농지 소유자에게 입증을 요구할 수 있다. 입증 자료로는 종자·비료·농약 등 농자재 구입 영수증, 농산물 판매 증빙자료 등을 활용할 수 있다.

임야를 농지로 이용하기 위해서는 산지전용허가가 필요하다. 산지를 전용하고자 할 때는 산지전용을 담당하는 행정기관에 산지전용 신청을 하고 그에 따른 부담금을 납부하는 등의 절차를 거치면 된다.

Q 국유지나 공유지를 활용할 수 있다던데?

귀농 7년차인 김문수씨(58·가명)는 귀농인 대부분이 국공유지에 관심을 갖지만 한번도 실제 사례를 보지 못했다고 한다. 국공유지 임대가 그만큼 어렵다는 얘기다. 하지만 자신에게 필요한 국공유지를 잘 선택해 활용하면 귀농·귀촌할 때 도움을 받을 수 있다.

예를 들어 체험농장이나 농촌펜션 등을 구상하는 경우 국공유지인 산림이나 그 인근의 토지를 구매하면 숲길이나 경관을 덤으로 활용할 수 있다.

국공유지 임대는 국공유지를 위임·위탁하고 있는 해당 지자체에 알아봐야 한다. 국유재산 사용수익허가 신청서를 작성해 제출하면 시·군청의 담당 부서에서 대부 계약의 가부를 결정해 통보한다. 국공유지에 대한 정보는 한국자산관리공사의 공매정보 포털사이트 '온비드'(www.onbid.co.kr)를 참고하면 된다.

CHAPTER 13

작목 선택하기

작목을 선택할 땐
자본과 기술 수준 · 소득 등을
꼼꼼히 따져봐야 한다.

영농기반·기술·판로부터 가족의 체력·특성까지 고려

초보자는 검증된 지역 특화작물 선택
귀농지 선택과 작목 연관지어 검토를

귀농의 성패는 작목 선택에 달려 있다고 해도 과언이 아닙니다. 귀농에서는 뭐니 뭐니 해도 농사가 잘돼야 하고, 그러려면 작목을 잘 택해야 하니까요. 여러 조건을 꼼꼼히 따져보고 신중하게 작목을 결정해야 실패를 줄일 수 있습니다.

Q 작목 선택 때 고려해야 할 점은?

작목을 선택할 땐 자신의 영농기반과 기술·자본·소득·판로 등을 고려해야 한다. 전북 남원으로 귀농해 딸기 체험농장을 운영하는 최희진씨(43)는 농사일에 대한 숙련도는 물론 본인과 가족의 체력이나 특성까지도 고려해야 한다고 말한다.

예를 들어 더위에 약한 사람이 고온성 작물을 선택한다면 더위 때문에 더 힘들어질 수 있고, 꽃가루 알레르기가 있는 경우엔 화훼 재배는 적절하지 않다는 것이다. 또 중요하게 고려해야 하는 것은 노동력이다. 충남 논산으로 귀농한 김찬호씨(48)는 상추하우스를 12동이나 지어 의욕적으로 시작했으나 정작 수확기에 일손을 구하지 못해 절반 이상은 수확을 못한 채로 버린 경험이 있다.

따라서 선택하는 품목의 농번기가 마을의 주요 품목 농번기와 겹치지 않는지도 살펴봐야 한다. 아무래도 귀농 초기에는 농작업을 도와줄 일손이나 농기계를 구하기 어렵기 때문이다. 따라서 어떤 작목이든 부부가 경영할 수 있는 규모로 시작하는 게 좋다.

ⓠ 초보자가 처음 시도하기에 유리한 작목은?

예비귀농인들 가운데에는 특용작물 · 과수 · 버섯 등을 무농약으로 재배하려는 사람들이 많다. 물론 버섯류는 많은 농지를 필요로 하지 않고 농작업도 상대적으로 수월하다. 그러나 단점도 있다. 새송이버섯의 경우 공장을 방불게 할 정도로 규모화돼 시설투자가 필요한데다 가격 경쟁도 치열하다.

과수는 묘목 식재 후 수확까지 최소 3년 이상 걸린다. 그러므로 투자비와 더불어 운영비가 많이 필요하며, 재배기간이 길어 무농약은 쉽지 않다. 그래서 병해충 관리가 용이하면서도 투자비가 적게 들고 환금이 빠른 블루베리와 같은 베리 종류를 검토하게 된다. 하지만 베리류는 사과 · 배와 달리 저장성이 낮고 홍수출하된다는 점을 고려해야 한다.

잎채소류는 재배가 비교적 용이하지만 가격 등락폭이 크다는 것이 걸림돌이다. 토마토·오이 등의 과채류는 비교적 안정적이지만, 초기 시설비와 기술이 필요하다.

🄠 지역 특화 작목 VS 새로운 작목, 어느 쪽이 나을까?

김영일 전남대 교수는 많은 귀농인들이 인터넷의 '거품' 정보에 빠져 있다며, 초보자라면 더더욱 지역 특화작목을 택해야 한다고 조언한다.

다른 농가들이 재배하지 않는 새로운 작목은 농촌진흥청과 같은 전문기관에서도 자료가 없고 재배나 사양기술이 체계화돼 있지 않아 생산과 판매가 어렵다. 결국 스스로 시행착오를 되풀이하며 시간과 비용을 투자해야 한다.

지자체의 농업기술센터나 홈페이지를 방문하면 해당 시·군이나 면 단위로 어떤 품목들이 특화되어 있는지 알 수 있다. 이러한 품목들은 그 지역의 기후나 토질에 적합한 것으로 이미 검증됐다고 봐야 한다. 더불어 지자체의 지원도 많고, 주변에 기술이 좋은 농가나 관련 농자재도 많다.

또 특화 품목이 있는 지역에서는 인력의 숙련도에서도 차이가 난다. 깻잎을 따거나 배 봉지를 씌우는 등 작업을 할 때 특화된 지역과 그렇지 않은 지역 간에는 같은 품삯을 지불하고서도 작업량이 3배 정도 차이 날 수 있다. 따라서 귀농지와 작목은 서로 연관 지어 검토해야 한다.

CHAPTER 14

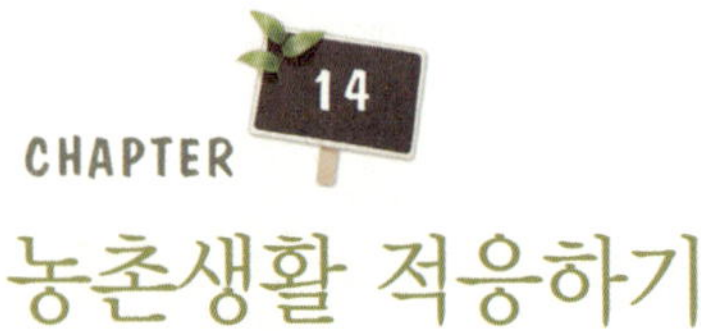

농촌생활 적응하기

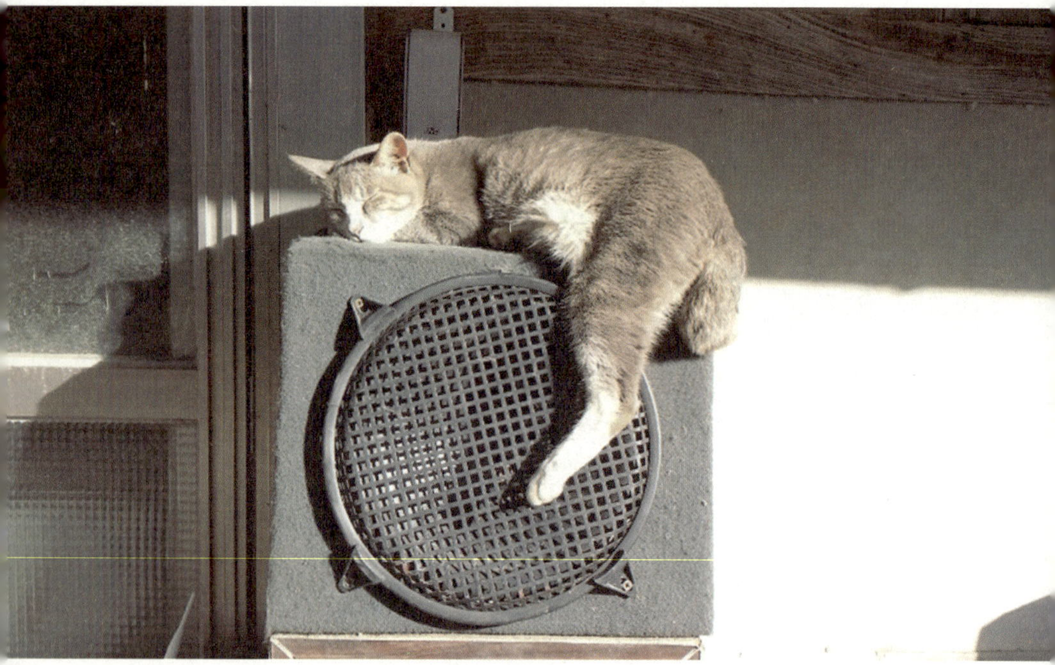

시골생활은 땅보다 땅 위에 있는 사람을 먼저 이해해야 한다.

마을 주민들 이해하고
존중하는 마음가짐부터

도시와 다른 환경 바꾸려 하지말고
자연과 더불어 사는 방법 터득해야

귀농·귀촌에 실패하는 이유 중 하나는 시골생활에 잘 적응하지 못해서입니다. 도시와 달리 농촌에서는 생활에 불편한 점이 한 두 가지가 아닙니다. 또 마을 주민들과 어울리기도 쉽지 않습니다. 따라서 도시와 다르다고 불평만 할 것이 아니라 무엇이 어떻게 다른지 이해하고 받아들이는 자세가 중요합니다.

Q 농촌 사회는 도시와 어떤 점이 다른가?

농촌은 도시보다 인구 규모가 작고 밀도가 낮으며 이동도 많지 않다. 따라서 낯선 사람에 대한 관심과 경계는 상상을 초월한다. 농촌의 인간관계는 인격적·비형식적이라 계약적·형식적 관계 형성에 익숙한 도시민에게는 부담스럽고 가늠이 안 되는 측면이 있다.

따라서 농촌 구성원 간의 사회통제는 법이나 계약과 같은 공식적 수단보다는 도덕이나 관습 등 비공식적 수단을 따르는 경우가 많다. 이것을 옳고 그름으로만 판단하면 충돌이 일어난다. 또 개인의 업적에 의한 성취 지위가 중요한 도시와 달리, 한 마을에서 몇 대째 공동 작업을 해온 농촌마을에서는 나이나 귀속 지위가 강조될 수밖에 없다.

농촌 사람들은 새로 들어온 귀농·귀촌인이 느닷없이 중장비를 동원해 땅을 돋우거나 산허리에 집을 짓는 것을 이해하지 못한다. 농촌 사람들에게 자연환경은 극복하거나 지배해야 할 대상이 아니라 적응해야 할 대상이기 때문이다.

❓ 농촌에 적응하려면 삶의 방식을 바꿔야 하나?

물론이다. 귀농·귀촌을 하면 농촌의 생태계에 자신을 맞춰야 한다.

예를 들어 산을 오르다 맑은 물이 흐르는 계곡을 만나 내려섰을 때 바위에 낀 이끼에 미끄러져 넘어질 수 있다. 그렇다고 이끼를 죄다 등산화로 뭉개려 해서는 안 된다. 이끼가 있는 곳에 내가 온 것이지, 내가 살고 있는 곳에 이끼가 생긴 것은 아니지 않은가?

귀농·귀촌은 그들이 살고 있는 생태계에 내가 찾아간 것이다. 그렇다면 일단 그곳의 생태계를 존중해야 한다. 개선해야 할 부분이 있다면 그곳에 살고 있는 사람들과 함께 논의하며 바꾸어 나갈 일이다. 무조건 마을을 바꾸겠다고 나서지 말고 우선 마을에 적응하며 마을 사람들과 바라보는 방향을 같

이해야 한다.

　행복한 농촌생활의 첫걸음은 농촌의 짙은 그늘 밑을 그들과 함께 손잡고 걸어가겠다고 하는 이해와 존중의 마음에서부터 시작해야 한다.

🅠 시골생활에 불편한 점이 많아 고민이라면?

　시골살이는 여러가지로 불편하다. 그중에는 예상 못했던 불편함도 있는 반면에 예상과 달리 그다지 불편함을 못 느끼는 부분도 있다. 쇼핑이나 의료 서비스가 한 예다. 귀농 전에는 다들 불편할 거라고 생각하지만, 대부분의 귀농·귀촌인들은 생필품을 구매하기 위해 읍내의 대형마트를 찾는 경우가 도시에서보다 5분의 1로 줄었다고 한다. 생활용품 이외의 먹거리는 대부분 자급자족이 가능하기 때문이다. 의료 서비스의 경우에도 분야별로 전문의가 있는 병원이 없어 불편하지만, 잔병치레가 줄면서 잔병으로 병원 갈 일은 많지 않다고 한다. 하지만 뇌경색 등 긴급히 큰 병원에 가야 할 상황이 가족 중에 발생할 우려가 높다면 귀농지 선택을 신중하게 해야 한다.

　벌레나 뱀 같은 동물에 대해서는 예상보다 큰 불편을 호소하는 귀농인들이 많다. 기피식물을 심거나 울타리를 치는 등 몇 가지 방법은 있지만, 벌레나 짐승을 완전히 퇴치할 순 없다. 자연과 더불어 살기 위해 귀농·귀촌을 한 만큼 차라리 그들과 친해지는 방법을 터득하는 쪽이 낫다. 농촌생활은 어떤 시각으로 바라보느냐에 따라 불편할 수도 있고 즐거울 수도 있다.

CHAPTER 15

이웃과 친해지기

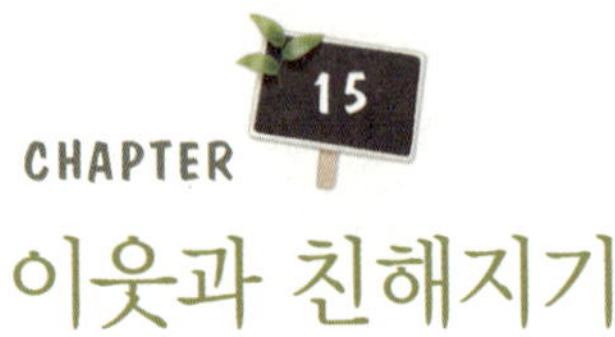

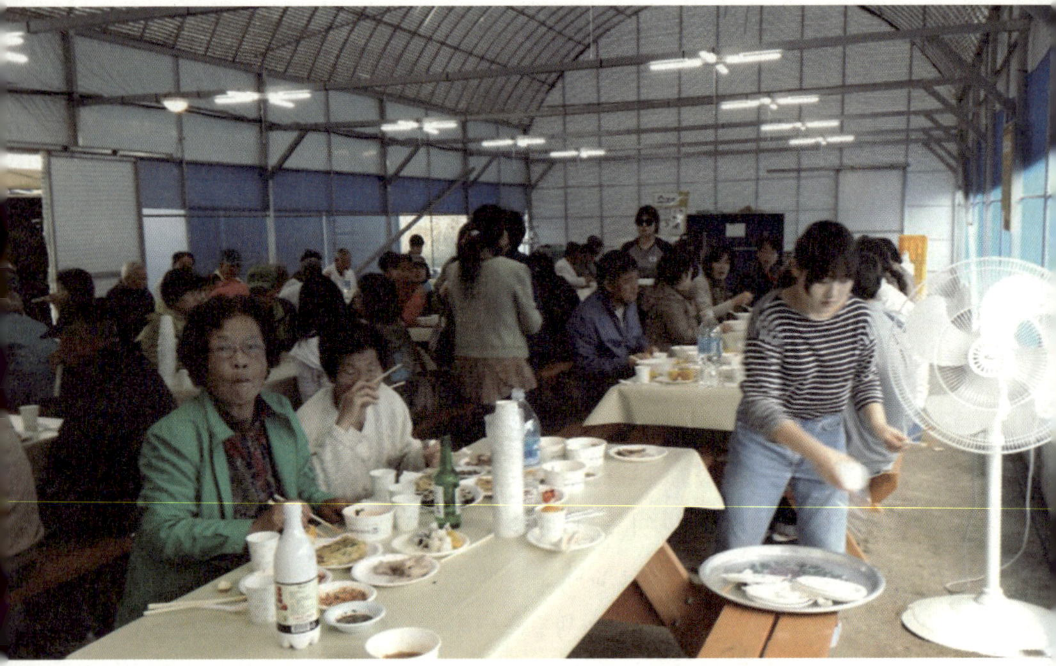

귀농 · 귀촌 후 마을의 크고 작은 행사에 적극적으로 참여하면 주민들과 자연스럽게 친해질 수 있다.

이장·주민 찾아가 인사
마을행사엔 적극 참여

대동계 · 부녀회 등 마을조직 가입
인구 조사요원 등 활동…신뢰 '쑥'

자연 속에서 여유롭게 살고 싶어 귀농 · 귀촌을 생각하지만 농촌이야말로 사람들과 부대끼며 살아야 하는 곳입니다. 농사부터 생활까지 혼자 힘으로 해결하기에 벅찬 일들이 많으니까요. 어떻게 하면 마을 주민들과 친해질 수 있을까요?

Q 농촌의 마을 조직은 어떻게 구성되나?

농촌의 마을 조직에는 크게 대동계 · 노인회 · 부녀회가 있다. 동리계 · 동네계라고도 부르는 대동계는 마을의 복리증진과 상호부조를 위해 공유재산을 관리하고 공동작업을 하며 마을 구성원들을 결속시키는 자치 조직이다.

회원은 마을의 모든 가구로, 이사 온 주민은 정해진 기금을 내고 대동계에서 결정하면 회원이 된다. 매년 1회 연말 또는 정월 대보름에 열리는 대동계 회의에서는 마을의 결산 등 중요 사항을 결정하며 이장 선출도 한다.

부녀회도 마을의 중요한 조직이다. 부녀회는 동네 대소사 때 취사를 전담하거나 예전에는 마을 가게를 운영하기도 했다. 노인회는 65세 이상이면 가입할 수 있으나, 요즘엔 고령화로 인해 75세 이상이 대부분이다.

가입비는 귀농인들이 가장 이해하기 힘들어하는 부분 중 하나이며 이로 인한 갈등도 많이 발생한다. 그러나 가입비를 부담하면 수백 년간 형성된 마을의 유·무형 자산에 대한 사용 및 공동 소유권을 갖게 된다.

마을에는 이장·반장·노인회장·부녀회장·청년회장·새마을지도자·개발위원 등의 임원이 있다. 이들을 중심으로 마을 임원회의가 구성돼 마을의 중요한 일들을 논의하는데, 대부분은 이장이 행정 관서와의 중간 역할을 한다. 따라서 귀농·귀촌을 하면 먼저 이장을 찾아가 전입 사실을 알려야 한다.

Q 마을 행사에는 어떻게 참여해야 할까?

마을에서는 대동계에 적립된 기금이나 이자로 관광버스를 대여해 단체로 관광을 떠나기도 한다. 이때 마을의 유지나 새로 전입온 사람들이 별도로 기부를 하기도 한다. 이 밖에 연중 2~3회의 도로변 풀 깎기에도 참여해야 하는데, 불가피하게 참여하지 못할 경우에는 음료나 다과 등으로 정성을 보이는 것이 좋다. 하지만 공동의 일에 참여해 같이 땀을 흘리는 것만큼 친해지기 쉬운 방법은 없으므로 이런 일이 잦아서는 안 된다.

귀농 초기엔 읍·면 단위에서 실시하는 인구조사, 노인 실태조사 등에

조사요원으로 활동하는 것도 좋은 방법이다. 약간의 수당을 받는 것은 물론 마을 사람들을 공식적으로 만나며 신뢰를 줄 수 있다. 마을 이장을 통하거나 읍·면사무소 총무계로 직접 문의하면 된다.

노인회 총무나 자율방범대·적십자봉사회 등 각종 봉사단체에 가입해 적극적으로 활동할 필요도 있다.

Q 이웃과 쉽게 가까워지는 방법이 있다면?

이사 전이나 후에는 마을 이장과 이웃들을 찾아가 반드시 인사를 해야 한다. 이때 가족들의 사진과 이름이 새겨진 카드나 인쇄물을 돌린다면 마을 사람들의 궁금증을 단박에 풀어줄 수 있다. 유인물만 돌리기 멋쩍다면 수건 이라도 정성껏 포장해 선물하면 훨씬 자연스럽다.

또는 조촐하게 집들이를 하거나 동네 농사일을 거들면서 농작업을 경험 해보는 것도 좋은 방법이다. 지역 내 선배 귀농인들과 교류하는 것도 좋지만 귀농인끼리만 어울리다 보면 스스로 고립의 길을 자초하게 된다는 점도 유의해야 한다. 사회관계망서비스(SNS)는 유익하게 활용하면 도움이 되지만, 마을에서 일어나는 갈등이나 농촌의 실상을 비난하듯이 SNS에 올리지 않도록 주의한다.

부업으로 민박 운영하기

한옥 형태의 농가주택을 이용해 운영하는 민박.

식사·체험 등 차별화 중요
위생·안전도 각별히 신경

주택임대차계약서 등 갖춰 지자체에 민박사업자 신고
인근 관광지 · 명소 연계…체험패키지 운영해볼만
방마다 화장실 · 샤워실 마련, 침구류 깨끗하게 관리해야

귀농 · 귀촌을 하면 당장에는 소득을 올리기가 쉽지 않습니다. 때문에 부업으로 할 만한 일을 찾는 귀농 · 귀촌인들이 많은데요, 민박 등 숙박업은 특별한 재능이나 큰돈을 들이지 않고도 쉽게 할 수 있어 관심이 높습니다. 그러나 무턱대고 시작했다가는 낭패를 볼 수 있으므로 잘 알아보고 차근차근 준비하는 것이 좋습니다.

Q '농어촌 민박사업'이 있다던데?

농어촌 민박사업이란 농어촌지역과 준농어촌지역의 주민이 거주하는 단독주택 · 다가구주택을 이용해 숙박 · 취사시설 · 조식 등을 제공하는 사업을

말한다. 농어촌 민박사업을 하려는 자는 주택임대차계약서 사본, ‘먹는물관리법’에 따른 최근 2년 이내 먹는 물 수질검사성적서를 갖춰 시장·군수·구청장에게 농어촌 민박사업자 신고를 해야 한다.

이때 주의할 점은 부부의 경우라도 주택의 소유주와 신고인이 다를 경우엔 임대차계약서를 작성해야 한다는 것이다. 예를 들어 남편 명의의 농가주택에 대해 아내가 민박사업자 신청을 할 경우에도 임대차계약서를 제출해야 한다.

민박이 가능한 주택의 규모는 연면적 230㎡(약 70평) 미만이다. 단 지은 지 오래돼 건축물관리대장이나 오수처리시설, 정화조시설이 없는 농가주택은 민박 신청을 할 수 없다. 농어촌 민박사업을 통해 올린 소득에 대해서는 연간 3000만원까지 비과세 혜택이 주어진다.

Ⓠ 농어촌 민박, 어떻게 차별화할까?

농어촌 민박을 생각한다면 먼저 ‘저가의 숙박업’이라는 인식을 버려야 한다.

최근 여행 추세는 관광지 이곳저곳을 옮겨 다니기보다는 잠시나마 한적한 곳에 머무는 형태로 변하고 있다. 따라서 농어촌 민박도 단지 숙박만 하는 공간이 아니라, 농촌의 문화와 시골살이의 즐거움을 전하는 곳으로 바뀌어야 한다.

그런 만큼 식사나 체험 등 자신만의 콘텐츠를 개발해 운영할 필요가 있다. 아울러 귀농·귀촌에 관심 있는 사람들에게 시골살이에 대한 정보나 상담까지 해줄 수 있다면 도시민들의 관심이 더욱 높아질 것이다.

농어촌 체험 프로그램을 운영하는 마을에 귀농하는 경우에도 민박을 생각해볼 수 있다. 새로 집을 마련하는 귀농·귀촌인은 기존 마을 주민보다 민박에 맞는 주택의 구조나 환경을 갖추기가 쉽고, 초창기에는 농사일도 적어 민박을 운영하는 데 유리하기 때문이다.

특히 관광지나 명소를 인근에 두고 있다면 여행사와 협조해 체험을 포함하는 패키지 프로그램을 운영하는 방안도 궁리해볼 만하다.

Q 민박을 운영할 때 주의해야 할 점은?

가장 중요한 것은 위생과 안전이다. 직접 만든 음식을 제공하는 경우엔 식중독이나 알레르기에 각별히 주의해야 한다. 또 도시민들은 벌레나 뱀 등 야생동물에도 민감하므로 방충망 등의 시설을 갖추는 한편, 집 주변에 뱀이나 두더지가 싫어하는 물질을 분비하는 상사화 등을 심어두면 경관도 살리면서 일석이조의 효과를 얻을 수 있다.

도시민들이 농어촌 민박에서 가장 불편을 느끼는 부분은 화장실과 샤워실이다. 기왕에 민박을 준비한다면 방마다 화장실과 샤워실을 별도로 마련하는 것이 좋다. 또 도시민들은 침구의 위생 상태도 중요하게 생각하는 만큼 홑청을 씌울 수 있는 침구류를 준비해 수시로 갈아준다. 도시민들이 쾌적한 환경에서 하룻밤 머물다 보면 농촌에 대한 인식도 달라지고, 다시 농촌을 찾게 되므로 다소 비용이 들더라도 갖출 건 갖춰야 한다.

농촌의 육아와 교육

농촌지역의 한 초등학교에서 토론식 수업을 하고 있는 모습.

자연 속에서 아이들 건강하게 대입특례 혜택까지

고교생 자녀 수업료 · 입학금 등 지원
농어촌 거점별 우수중학교 적극 육성

농촌에서 새로운 삶을 시작하고 싶지만, 아이들 교육 때문에 망설이는 사람들이 많습니다. 농촌의 교육 여건이 도시에 비해 열악하지 않을까 하는 우려 때문인데요, 알고 보면 농촌에서만 받을 수 있는 혜택들도 있습니다. 또 무엇보다도 농촌에서는 아이들이 자연 속에서 건강하게 자랄 수 있다는 것이 장점입니다.

Q 농촌에서 받을 수 있는 교육 혜택은?

농어촌 거주 농어업인의 고등학생 자녀에 대해서는 직불제 형태로 학자금이 지원된다. 지원 대상은 농어촌지역 또는 준농어촌지역에 거주하는 농지 소유면적 5만㎡(1만5125평) 미만 농가 또는 이에 준하는 축산 · 임업 · 어업 경영가구이다. 고등학교에 재학하는 자녀의 수업료와 입학금을 지원하거나 분기별로 일정 금액을 지원하는 등 지자체별로 차이가 있다. 자세한 내용은 해당 지자체의 농업정책 관련 부서나 주민 행정·복지지원 부서에 문의하면 된다.

대학 입학 시 혜택 받을 수 있는 농어촌 학생 대입 특례입학 지원제도는 대학마다 지원기준이 달라 해당 학교의 입시 요강을 살펴봐야 한다. 그러나 만약 지금 귀농해 자녀가 고등학생이라면 대상이 되지 않는다. 중·고교 전 학년을 농촌지역에서 다녀야 지원요건이 되기 때문이다. 주소를 읍·면에 두고 있더라도 시단위에 있는 학교를 다닌 경우는 대상에서 제외된다.

농촌 출신 대학생 학자금 지원제도도 있다. 농촌에 거주하는 부모의 대학생 자녀에게 등록금 전액을 무이자로 융자해주는 것으로, 3자녀 이상이면 우선적으로 지원받을 수 있다. 이와 함께 지역농협에서 조합원 자녀에게 학자금을 지원하기도 한다.

Q 농어촌의 특성을 살린 학교가 있다던데?

농어촌 거점별 우수중학교가 대표적으로, 교육부는 2013년부터 1군에 1개 거점 중학교 육성을 목표로 추진하고 있다. 면지역에 소재한 재학생 60명 이상 중학교가 대상이며, 지난해까지 80개 학교가 선정됐다. 선정된 학교는 학교장공모제, 우수교원 초빙, 자유학기제, 진로교육프로그램(SCEP), 학교 스포츠클럽, 학생 오케스트라 등 특색 있는 프로그램을 운영해 도시 학생들이 찾아올 수 있는 특성화된 농어촌 학교로 육성된다.

　　그리고 소규모 학교를 통폐합해 만든 기숙형 공립학교도 주목받고 있다. 농촌의 열악한 교육환경 개선을 위해 설립된 기숙형 공립학교는 전원 기숙사 생활을 원칙으로 한다. 교과교실제, 특기적성 프로그램 등 특화된 프로그램을 통해 '사교육 없는 학교'로 운영된다.

Ｑ 농촌에서도 사교육을 받을 수 있나?

　　도시의 사교육 방식에는 미치지 못하지만 농촌에도 나름의 교육여건이 조성되고 있다. 인터넷 환경이 좋아지면서 교육방송 등을 활용한 교육은 도시와 차이가 없다.

　　또 맞벌이가정 자녀의 교육 및 돌봄을 위한 초등 돌봄교실, 저소득층 자녀의 사교육비 경감을 위한 자유 수강권, 특수교육 대상자를 위한 특수학교(급) 방과후 지원 사업, 영어교육 활성화, 다문화가정·탈북학생 교육 지원 등은 오히려 도시보다 나을지도 모른다.

　　한 지자체의 장학사는 "도시에서 전입해 온 아이들이 처음엔 적응하는 데 어려움을 겪지만 학습능력에 있어서는 이내 역전되는 것이 일반적"이라고 말한다.

　　공부방이나 사설학원 등 학교 외 사교육이 가능한 시설은 대도시에 비하면 많지 않은 것이 농촌의 현실이다. 그나마도 읍내에 집중돼 있어 읍에서 멀리 떨어진 면 지역에서 자녀 혼자 다니기는 쉽지 않다.

CHAPTER 18

시골생활에 필요한 기계와 공구

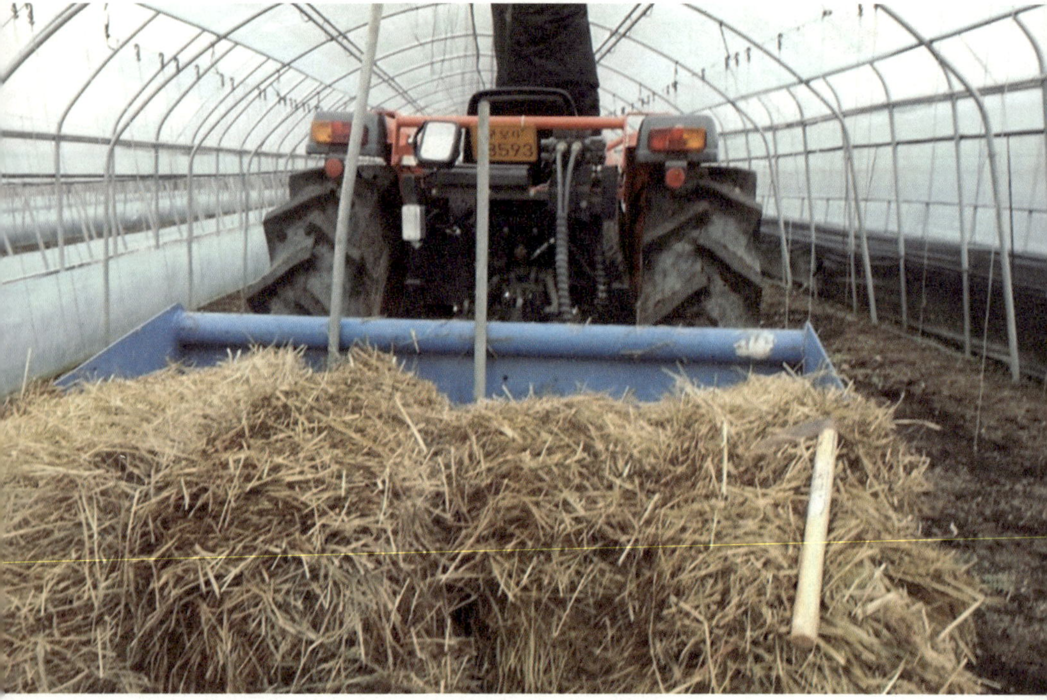

고가의 농기계는 지자체나 농협의 농기계 임대사업을 통해 빌려 쓰는 게 낫다.

가끔 쓰는 비싼 농기계 임대사업 통해 빌려 쓰기

지자체·농협서 대여…농기계 교육도 참가
파종기·수확기 구입땐 토질에 맞는 기종을

농사일에 필요한 농기계부터 집을 관리하는 데 필요한 공구까지 시골생활에는 갖춰야 할 도구들이 많습니다. 그러나 제대로 알아보지 않고 무턱대고 샀다가는 낭패를 볼 수 있습니다. 또 굳이 사지 않고 주변에서 빌려 쓸 수 있는 도구들도 있지요. 어떤 도구를 어떻게 마련해야 하는지 알아봅니다.

Q 초보 귀농·귀촌인에게 필요한 농기계는?

농기계는 자신의 작목이나 영농 규모를 감안해 마련해야 한다. 특히 고가의 기계는 구매와 임대로 나눠 생각할 수 있다. 감자를 캘 때 쓰는 굴취기나 목재파쇄기처럼 1년에 한두 번 사용하는 기계는 시·군농업기술센터에서 빌리는 게 낫다.

그러나 시설원예를 하는 경우 자주 사용하는 소형 트랙터 정도는 구입해 두면 좋다. 마을에 몇 대 있다 하더라도 재배작물이 비슷해 원하는 시기에 트랙터를 빌리기가 쉽지 않기 때문이다. 또 파종기나 수확기는 무턱대고 구입했다가는 토질에 맞지 않아 무용지물이 될 수 있으므로 마을 사람들이 사용하는 기종을 살펴본 뒤 선택한다.

고가의 농기계를 구입할 땐 정부 보조를 받는 것도 방법이다. 농기계 보조사업이 농가 부채의 원인으로 지적되면서 대폭 축소되기는 했지만, 최근 고령농업인·여성농업인의 수요가 늘고 귀농인이 증가하면서 지역에 따라서는 농기계 보조사업이 확대되고 있다. 마을 이장에게 문의하면 전동분무기·수확기·파종기·관리기 등은 의외로 쉽게 지원받을 수 있다. 또 농기계에 사용하는 연료의 경우 면세유 혜택이 제공된다. 면세유를 받으려면 기계 및 시설보유 현황과 경영 사실을 신고하는 등의 절차를 거쳐야 한다.

Q 농기계 임대는 어떻게 해야 하나?

농림축산식품부에서 실시하는 농기계 임대사업을 이용하면 된다. 이 사업은 크게 지자체의 '밭작물용 농기계 임대사업'과 농협의 '벼농사용 농기계 은행사업'으로 구분된다.

지자체의 농기계 임대사업을 이용하려면 소정의 사용료를 내야 한다. 또 농업인안전재해보험에 가입해야 하며, 미니 굴착기 등의 임대에는 자격증이 필요하다. 지자체에 따라 농업인안전재해보험의 보험료를 전액 또는 일부

지원하기도 한다.

임대 가능한 농기계는 목재파쇄기·결속기·배토기·피복기·이앙기·살포기·쇄토기·스키로더·트랙터 부착용 쟁기·진압기·탈곡기·논두렁조성기 등이다.

한편 각 도의 농업기술원에서는 농기계 합숙 교육을 실시하는데, 신청자가 많으므로 사전에 알아보도록 한다.

이 밖에 마을 농가나 농기계 법인을 통해 빌리는 방법도 있다. 농가에게 빌리는 경우 면적당 작업 비용(660㎡당 5만~6만 원 선)을 지불하거나 품앗이 또는 술 한잔으로도 해결할 수 있다. 물론 이는 인간관계에 달려 있다.

집 안팎 관리에 필요한 공구는?

시골에서 생활하려면 농기계뿐 아니라 집수리나 관리를 위한 각종 공구도 필요하다. 읍내의 농자재마트나 농약자재상에 가면 왼손잡이에게 필요한 낫까지 있을 정도로 다양한 제품을 갖춰 편리하다. 그러나 사실 귀농 초기에는 이웃에게 빌려 쓰는 경우가 많고, 자주 쓰지 않는 공구까지 모두 구입할 필요는 없다. 따라서 산중턱 외딴곳에 집을 짓기보다는 마을 속으로 들어가는 것이 낫다.

또 농가주택이나 전원주택은 아파트와 달리 활동 반경이 넓고 수납공간이 흩어져 있다. 그러다보니 정작 필요할 때 원하는 공구를 찾지 못하거나 녹슬어 못쓰게 되는 경우도 허다하다. 따라서 종류별로 지정된 장소를 정해 정리해둘 필요가 있다.

PART **2**

일본 귀농 이야기

CHAPTER 01

오이타현의 신규 농업인 양성 프로젝트 (1) 파머스 스쿨

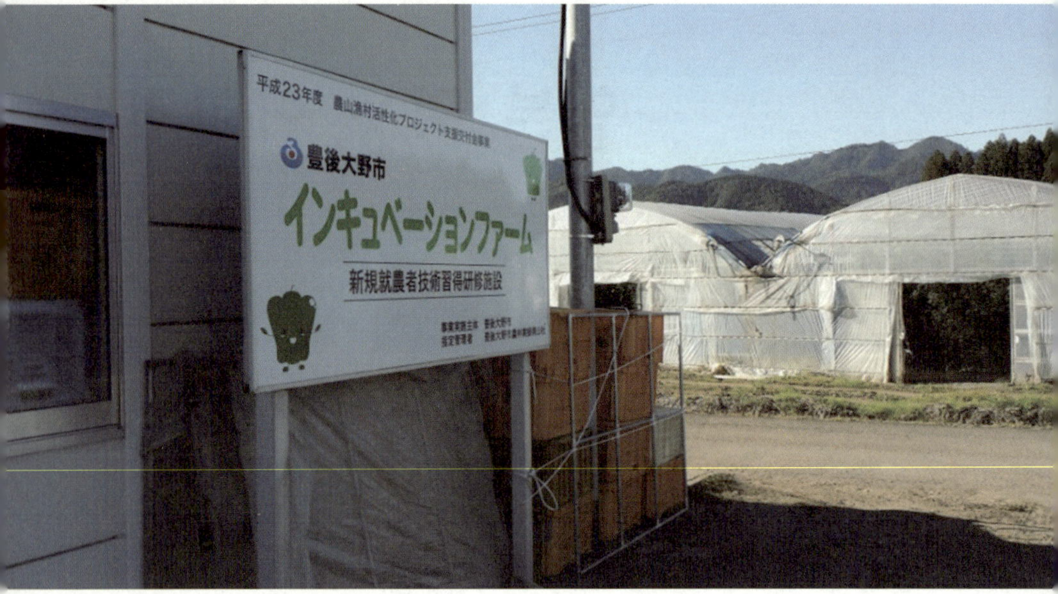

오이타현 신규농업인 양성시설 인큐베이션 팜

파머스 스쿨
농업인이 연수생에게 토지 임대·교육

귀농·귀촌에 대한 관심은 세계적인 추세다. 자연이 숨 쉬는
농촌에서 건강한 먹거리를 키우며 살고 싶어하는 마음이야
세계 어디서나 인지상정일 터. 특히 일본의 귀농·귀촌에 대한
이야기는 우리와 비슷한 부분이 많아 눈여겨볼 만하다.

일본의 귀농·귀촌 정책을 살펴보면서 가장 눈에 띈 것은 '청년 취
농 급부금'이었다. 한마디로 예비 귀농인과 초보 귀농인에게 매월 급여를 지
급하는 것으로, 농업시설 투자비용 위주로 지원하는 국내 정책과는 대조적
이다. 이 같은 정책은 소득이 적은 귀농 초기의 안정적인 정착에 큰 도움이
되고 있다.

일본 농림수산성이 2012년부터 실시하고 있는 이 정책에 따르면 귀농인
에게는 준비기간 2년과 창업 후 5년까지 총 7년 동안 급여 형태의 보조금이
지원된다. 원칙적으로는 취농 당시 대상 연령이 45세 이하이지만 지자체 재
량에 따라 55세까지도 대상이 된다. 준비기간 동안에는 농업대학이나 선진
농가, 연수기관에서 연수받을 경우 최장 2년간 연간 150만 엔(약 1,500만

원)을 지급한다. 다만 연수 후 1년 이내에 농업을 창업하지 않으면 전액 반납해야 한다. 창업 후에는 5년간 연간 최대 150만 엔(약 1,500만 원)을 지급하는데, 부모로부터 경영을 승계하는 경우도 포함된다. 부모나 친척 등으로부터 농지를 임대받아도 지원 대상이 되지만, 5년 이내에 본인 명의로 소유권을 이전해야 하며 그렇지 않을 경우 마찬가지로 지원받은 금액을 전액 반납해야 한다.

연수기간을 포함해 부부가 같이 하는 경우는 1.5배(연간 합계 225만 엔, 약 2,250만 원)의 지원금을 받을 수 있다. 또 복수의 신규 취농자가 법인을 신설해 공동 경영하는 경우는 신규 취농자 각각 최대 150만 엔(약 1,500만 원)씩 받을 수 있다.

이러한 중앙정부의 정책과는 별도로 각 지자체에서는 해당 지역의 여건에 맞는 정책을 시행하고 있다. 첫 방문지인 규슈 북서부에 위치한 오이타현의 대표적인 프로그램은 '파머스 스쿨'과 '인큐베이션 팜'이었다. 오이타현 농산어촌·후계 지원과 다나카 히데유키 계장은 "이 두가지 프로그램은 최근 예비 귀농인들로부터 높은 호응을 얻고 있으며 다른 지자체에서도 벤치마킹할 정도"라고 소개했다.

오이타현이 독자적으로 실시하는 파머스 스쿨은 은퇴농이나 기존 농업인이 연수생을 대상으로 토지나 시설을 임대해주고 교육을 하는 것으로, 연간 최대 20만 엔(약 200만 원)까지 임대료를 지원해준다. 또 영농기술을 지원하는 조건으로 월 2만 5,000엔(약 25만 원)까지 코칭비를 지원한다.

인큐베이션 팜은 중앙정부에서 지원하는 '청년 취농 급부금'과 연동해 운영하는 2년 합숙 방식의 농업연수 프로그램이다. 총 17ha의 부지에 재배사 · 관리동 · 숙소를 마련해 지원하는데, 현재 오이타현 내의 8개 시에 인큐베이션 팜이 설치돼 있다.

　이러한 정책을 활발하게 펼친 결과, 오이타현의 농업부문 신규 취업자는 2011년 187명에서 2014년에는 현의 정책 목표인 200명을 훨씬 넘어서는 221명을 기록했다. 특히 신규 취업자 중에서 40세 미만자의 비율이 2011년 58%에서 2014년 76%로 크게 증가했다. 중앙정부의 귀농정책에만 의지하지 않고, 지역의 여건과 역량을 잘 결집해낸 사례라 할 수 있다.

CHAPTER 01

오이타현의 신규 농업인 양성 프로젝트 (2) 인큐베이션 팜

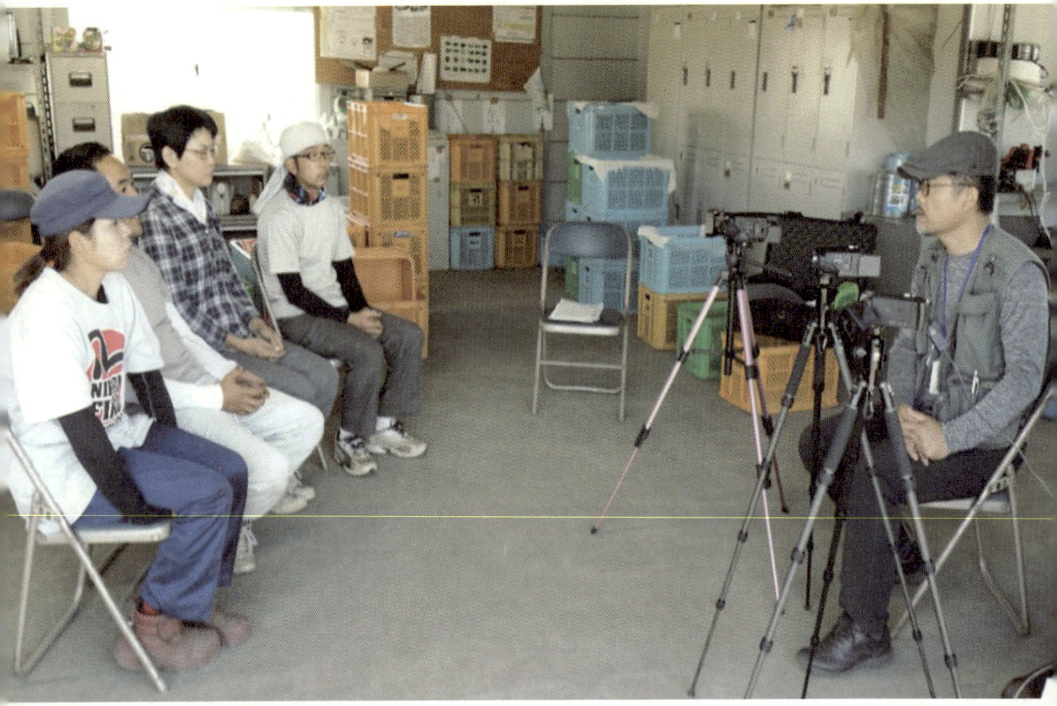

귀농 연수생들과 인터뷰하는 필자

인큐베이션 팜
2년 합숙 방식 농업연수 프로그램

2인 1조 참여 원칙, 각종 비용 지원
2년차 영농수익 전액 연수생에게 줘 경영학습 효과

규슈 북서부에 위치한 오이타현의 대표적인 프로그램인 '인큐베이션 팜'의 현장을 찾았다. 예비 귀농인 체류형 연수시설인 인큐베이션 팜은 우리나라의 체류형 귀농센터와 비슷한 형태지만 운영 방식은 상당히 달라 참고할 점이 많아 보였다.

오이타현청에 들러 관계자로부터 현황을 들은 뒤, 오이타현 분고오노시 농업진흥과 이노우에 주간과 함께 분고오노시 인큐베이션 팜을 방문했다. 2012년 1월에 설립된 분고오노시 인큐베이션 팜은 오이타현의 인큐베이션 팜 8곳 가운데 가장 오래된 곳이다.

총 17ha의 부지에 재배사·관리동·숙소가 마련돼 있으며, 예비 귀농인들은 2년간 합숙을 통해 영농기술과 농촌생활을 배우게 된다. 비용은 정부에서 2분의 1, 현에서 3분의 1을 지원하고 나머지 6분의 1은 시 또는 지역농협에서 부담하며 농림업공사 형태로 운영된다. 분고오노시 인큐베이션 팜은

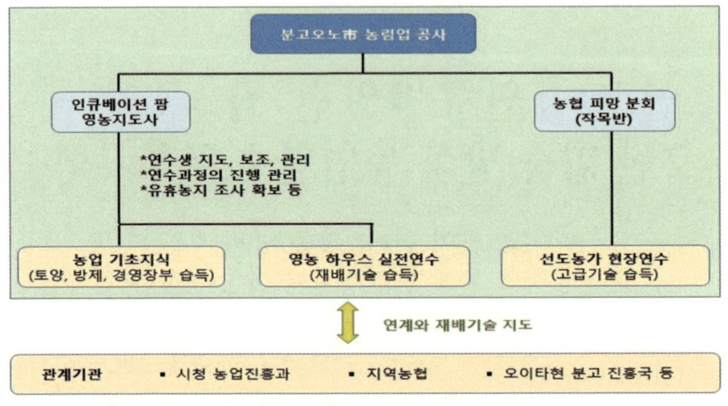

55세 미만의 부부 또는 형제자매가 2인 1조로 참여할 수 있다. 이노우에 주간은 "농촌생활은 혼자서는 어렵기 때문에 2인 1조 참여를 원칙으로 한다"고 이유를 설명했다. 1기에 3~4조씩 연수를 실시하며, 현재까지 4기수 13조 26명의 연수생이 배출됐다. 보통 합숙교육 과정의 1기수 인원이 25~30명인 우리와 비교하면 4분의 1 정도에 불과하다. 이에 대해 이노우에 주간은 "귀농교육을 몇 명이나 했느냐보다는 얼마나 정착시켰느냐가 더 중요하다"고 말했다.

그런데 숙소나 재배시설 등이 4개조를 수용할 수 있음에도 불구하고 어느 기수는 3개조만 운영되고 있었다. 이유는 신청자가 부족하기 때문이라고 했다. 정책이 아무리 잘돼있다 해도 직업과 거주공간을 옮기는 귀농을 실행하기는 쉽지 않다는 것을 보여주는 대목이다.

주택의 경우 시에서 제공하는데, 월세 1만 2,500엔(약 12만 5천 원)과 광열비·식료품비를 연수생 본인이 부담한다. 그러나 정부에서 예비 귀농인 부부에게 지급하는 청년취농급부금으로 충당하면 되기 때문에 크게 부담되

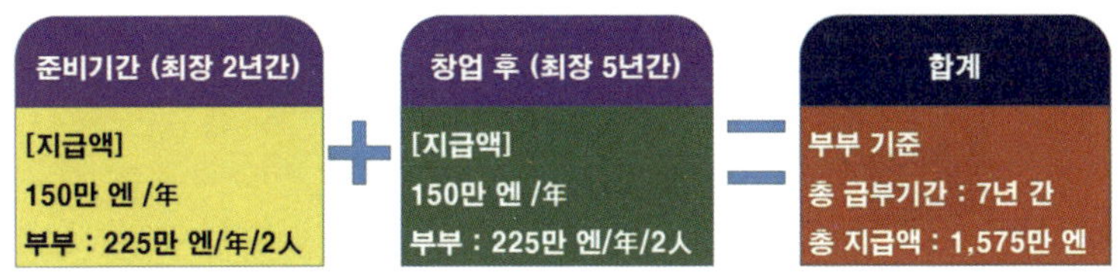

지 않는다. 청년취농급부금 같은 지원 없이 3.3㎡(1평)당 1만 원가량의 임대료를 내야 하는 국내 체류형 귀농센터와는 대조적이다. 재배사는 2인 1조에 1년차 때는 7.5a(약 227평), 2년차 때는 15a(약 454평)를 지급한다. 영농을 통해 얻어진 수익은 농장 운영비로 충당되는데, 특히 2년차에는 영농에서 얻은 수익의 전액을 연수생이 갖도록 해 경영학습 효과를 높이고 있다. 인큐베이션 팜은 단지 귀농인을 유치하는 데 그치지 않고 지역농업을 유지하는 역할도 톡톡히 하고 있다.

분고오노시 지역은 피망 주산지로, 인큐베이션 팜의 재배품목은 피망으로 정해져 있다. 또 연수 후에도 피망을 재배하는 것을 조건으로 한다. 따라서 영농지도사가 배치돼 영농기술을 지도하고, 농협 피망분회의 작목반 선도농가 실습을 통해서도 재배 노하우를 전수한다. 연수생들이 재배한 생산물은 전량 농협으로 출하·판매하는 등 지역농협이 중요한 역할을 하고 있다. 이렇듯 지자체와 농협이 함께 귀농정책을 펼침으로써 피망 농가의 후계인력을 확보하고 피망 산지로서의 명성도 유지하고 있는 것이다.

연수 첫해의 소득 목표는 400만 엔(약 4,000만 원)이다. 이노우에 주간은 "연수 방식대로 재배하면 무리 없이 목표를 달성할 수 있다"며 "연수생들은 연수기간 동안 배운 영농기술과 경영노하우를 통해 연수 이후에도 피망을 재배하며 안정적으로 정착하고 있다"고 강조했다.

CHAPTER 01

오이타현의 신규 농업인 양성 프로젝트 (3) 눈높이 농업교육

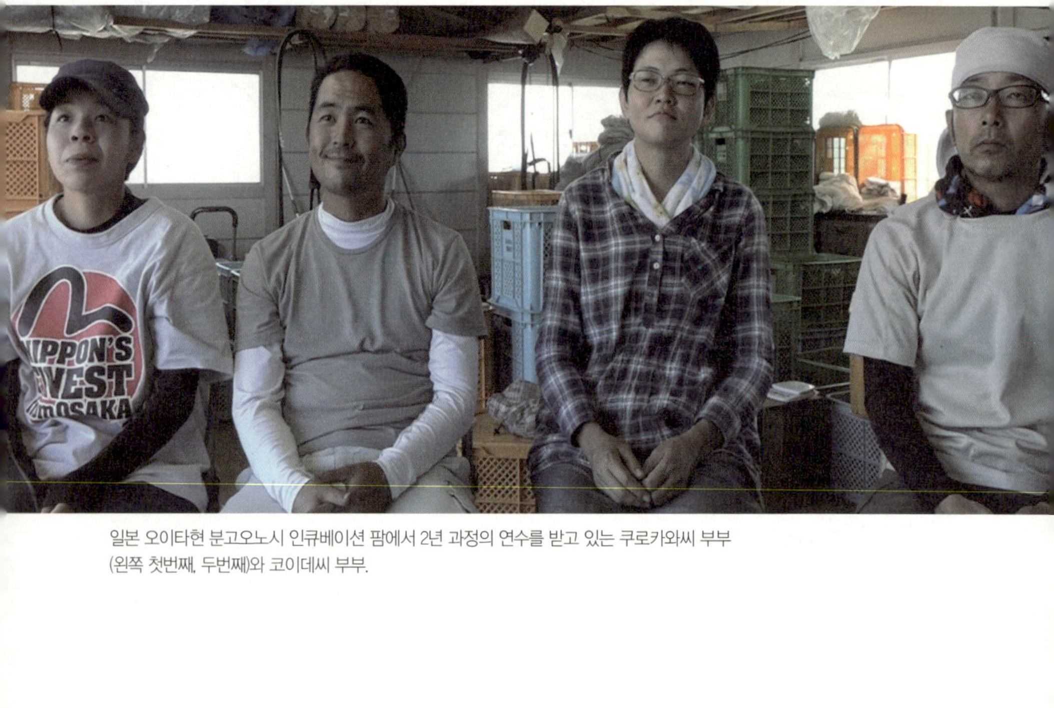

일본 오이타현 분고오노시 인큐베이션 팜에서 2년 과정의 연수를 받고 있는 쿠로카와씨 부부 (왼쪽 첫번째, 두번째)와 코이데씨 부부.

창업땐 농기계 보조
빈집 리모델링 비용 지원

실제 농업인처럼 특정품목 정해 농장 경영하고
지역농가와 교류, 한국도 일본같은 방식 도입 필요

회사원 출신인 쿠로카와씨(41)는 예비 귀농인 체류형 연수시설인 '인큐베이션 팜'에 대한 정보를 접하고 아예 농업으로 직업을 전환한 경우다. 당초에는 농사를 지을 생각이 아니라 두살 된 아이에게 고향을 만들어주기 위해 농촌으로 이주해 살면서 도시로 출근할 생각이었다. 그런데 상담 중에 농업을 직업으로 삼아도 좋겠다는 생각을 하게 된 것이다.

귀농지로 오이타현 분고오노시를 선택한 것은 자신의 고향이 이곳에서 자동차로 30분 거리에 있기 때문이다. 기왕이면 자신이 자랐던 고장에서 아이가 컸으면 하는 마음이 있었다. 그는 분고오노시 인큐베이션 팜의 2년 연수과정을 마친 뒤 60a(약 1,800평) 규모의 피망 시설재배를 통해 연간 2,000만 엔(약 2억 원) 정도의 소득을 목표로 하고 있다. 농업에 대해서는 아는 것이 없는 초보지만 연수를 통해 5~10년 후 농업 최고경영자(CEO)가 되겠다는 꿈을 갖게 됐다. 쿠로카와씨 부부는 귀농에 대한 의지를 적극적으로 표현해 인큐베이션 팜의 까다로운 연수생 선발과정을 통과했다.

인큐베이션 팜은 연수를 받고 싶어하는 희망자에 대해 3~7일 동안 단기 연수 과정을 진행한다. 이 과정에서 농업·농촌에 대한 막연한 기대감이나 환상을 걷어내는 것이다. 이후 매년 10월 연수생 선발 심사를 하는데, 단기 연수 기간 중의 태도나 의지, 건강 상태, 지역과 융화할 수 있는 품성 등을 중점적으로 확인한다. 귀농·귀촌을 원하는 도시민이라면 거의 조건 없이 받아들이는 국내 지자체들과는 대조적이다.

인큐베이션 팜의 연수 과정은 농업기술, 영농 장부 작성법, 농기계 사용법, 농업제도와 정책, 농업·농촌 이해 등으로 구성돼 있다. 초보자의 눈높이에서 시작해 수료와 동시에 창업이 가능하도록 프로그램이 짜여져 있다.

쿠로카와씨 부부가 연수 과정에 참여하게 된 이유 중 하나는 단지 농업기술을 배우는 것뿐 아니라 경영·자금 계획 수립을 도와주거나 주거·농지를 알선해주는 시스템이 있기 때문이다. 연수 종료 후 창업 때에는 비닐하우스·농기계 보조, 빈집 리모델링비나 빈집 구입비 보조도 받을 수 있다.

또 다른 연수생 코이데씨(35) 부부는 쿠로카와씨와 달리 삶의 방식을 전환하기 위해 귀농을 선택한 경우다. 부부는 삭막한 도시생활에서 벗어나 자연 속에서 생활하고 싶었다. 특히 지역민과의 교류에 관심이 많았는데, 연수 과정에 농촌사회에 대한 이해 교과목이나 지역행사 참석 등이 포함돼 있어 마음에 들었다. 시골생활의 사회적 고립감과 외로움을 생각해본 적 있느냐는 질문에 코이데씨 부부는 고개를 저었다. 선배 기수들과의 모임에도 참여하고 지역민들과 잘 지내다보면 도시생활의 대중 속 고독보다는 오히려 더 풍요로운 인간관계를 맺을 수 있다고 했다. 연수는 자신의 농장을 운영하는 방식이라 행사 참석이 자유롭고 연수기관에서도 적극 권장한다는 것이다.

사실 코이데씨는 인큐베이션 팜에 들어오기 전까지만 해도 농부는 휴일이 없고 새벽부터 밤까지 일해야 한다는 생각에 걱정이 많았다. 그러나 막상 연수를 받으며 생활해보니 자신이 자율적으로 시간을 조절할 수 있어 오히려 더 편했다.

우리나라도 일부 지자체에서 2년 과정의 체류형 귀농센터를 운영 중이다. 그러나 대부분은 귀농센터 내에서 여러 교육을 진행하는데다 영농 실습도 다양한 품목을 다루는 백화점식이다. 3개월 이내의 교육이라면 이런 방식을 통해 귀농 지역과 품목을 결정하도록 하면 되지만, 장기체류형 센터에서는 인큐베이션 팜 같은 방식을 도입할 필요가 있다. 실제 농업인처럼 특정 품목을 정해 자신의 농장을 경영하며 소득을 올리고 지역 농가와도 교류하도록 하는 것이다. 별도의 생활비 지원이 없고, 농지나 농가 알선 등의 체계도 미흡한 국내에서는 이러한 방식이 대안이 될 수 있을 것이다.

CHAPTER 02

일본 귀농·귀촌박람회

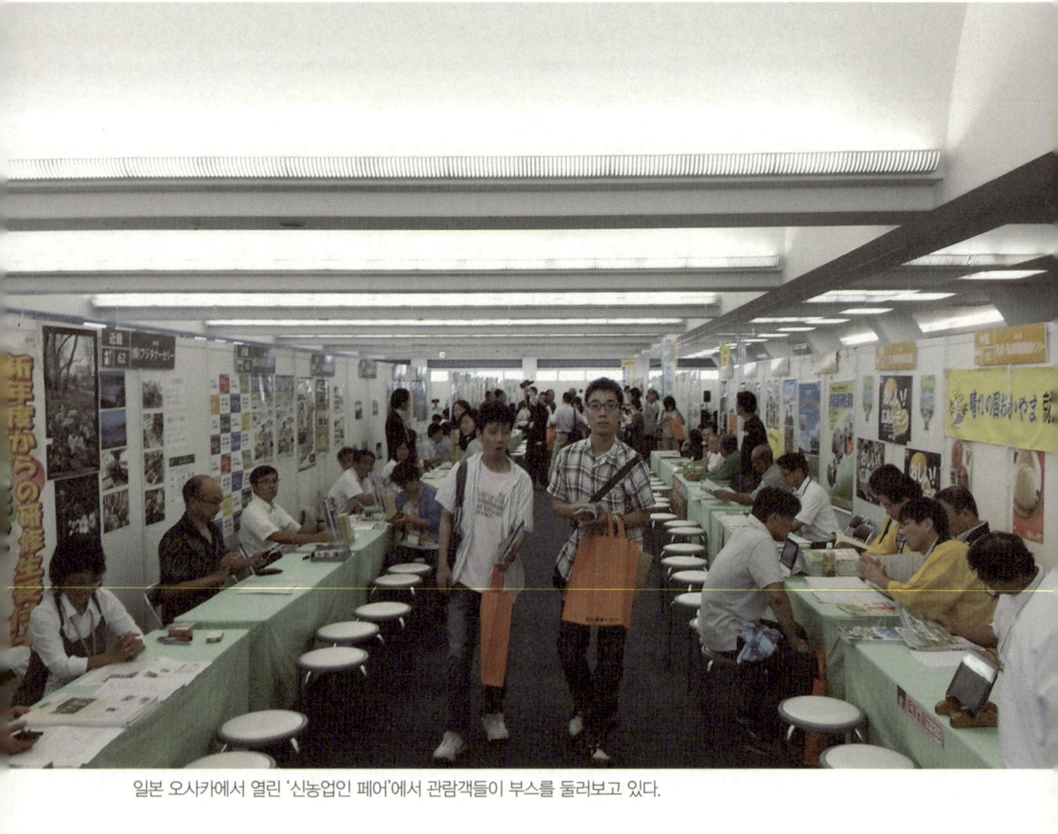

일본 오사카에서 열린 '신농업인 페어'에서 관람객들이 부스를 둘러보고 있다.

'신농업인 페어'
지역별 6시간 열려 집중도 높아

지역 · 주제별 자료 한곳에 마련
농업관련 서적 전시코너도 있어 30분 이내
짧은 소그룹 강의 인기
한국도 지역별 소규모 박람회 필요

　　일본 역시 농촌지역의 고령화가 심각한 수준이다. 일례로 편의점 〈로손〉보다도 많다는 일본의 농산물 직매장마저 고령화로 인해 위기를 맞고 있다. 고령 농민들이 직매장까지 농산물을 출하하는 데 어려움을 겪고 있기 때문이다. 급식차량이 돌아오는 길에 농산물을 회수해 오는 등의 궁리를 하고 있다지만 뾰족한 방법을 찾지 못하고 있다.

　　일본 역시 이렇듯 심각한 고령화의 대안은 귀농·귀촌이다. 일본의 귀농·귀촌 안내 창구는 우리나라의 귀농·귀촌 박람회에 해당하는 '신농업인(新農業人) 페어'라고 할 수 있다. 이 행사는 지금까지 도쿄·오사카·삿포로에서 총 7회 개최됐다. 2015년 기준으로 전국에서 1328개 단체가 참가했으며, 방문객은 연인원 8228명이다. 수요가 많아지자 올해부터 일본 농림수산성은 도쿄(5회) · 오사카(3회) · 센다이(2회) · 나고야(2회) · 히로시마(2회) · 후쿠오카(2회) · 삿포로(2회)로 장소와 횟수를 대폭 확대했다.

신농업인 페어는 토요일 오전 10시 30분부터 오후 4시 30분까지 열리며, 연중 일정이 홈페이지에 사전 공지된다. 관심 있는 사람은 자신이 살고 있는 지역에서 열리는 행사에 참여하면 되므로 편리하다. 지자체 공무원 등 부스를 차리는 입장에서도 이용료가 3만 엔(약 30만 원)에 불과하고 하루만 참가해도 돼 부담이 덜하다.

그러나 국내 귀농 · 귀촌 박람회의 경우 주로 서울에서 3일 정도씩 열리다 보니 지방 도시에 사는 사람이 참가하기에는 부담이 된다. 부스를 차리는 지자체나 업체 입장에서도 3일간이나 열리다 보니 집중도가 떨어질 뿐 아니라 비용이 많이 들고 불편한 점들이 생긴다. 반면 신농업인 페어는 지역별로 6시간 동안만 열리기 때문에 집중도가 높다.

필자는 오사카에서 열리는 신농업인 페어를 방문한 적이 있다. 행사장에 들어서 접수를 마치고 나니 진행요원들이 유인물을 넣은 헝겊가방을 건네주며 10명 단위로 인솔해 행사장 전체를 안내했다. 또 입구에서는 2명의 상담자가 초간단 상담을 통해 우선적으로 가봐야 할 부스를 체크해줬다. 짧은 시간 동안 방문객이 관심 있는 곳을 빠뜨리지 않고 볼 수 있도록 도와주는 것이다.

또 한쪽 벽면의 선반에는 지역별 · 주제별 자료가 비치돼 있어 부스마다 돌면서 자료를 집어들 필요가 없었다. 뿐만 아니라 기다란 패널에는 농업법인이나 영농조합의 구인광고가 A4 한장 크기로 빼곡하게 적혀 있었다. 취농을 원하는 젊은이들의 발걸음을 멈추게 하는 곳이다. 행사장에는 젊은 사람들이 많아 청년층의 귀농·귀촌이 증가하고 있다는 것을 느낄 수 있었다. 선배 귀농인 상담코너에서는 선배 귀농인들이 2명씩 앉아 상담을 해주고 있었다. 이외에도 농지 상담, 농고·농대 진학 상담, 기초·광역 지자체의 상담코너는 규모만 작았지 우리와 유사하게 구성돼 있었다.

농업 관련 서적을 전시하는 코너는 관련 서적을 한눈에 볼 수 있어서인지 많은 사람들이 있었다. 전시된 책을 나중에 구매할 수 있도록 리스트를 작성해 유인물로 제공해주는 모습도 눈길을 끌었다.

특히 한 장소에서 30분 이내로 짧게 진행되는 소그룹 강의가 인기였는데, 여러 곳에서 동시에 열리지 않아 누구나 듣고 싶은 내용을 들을 수 있다는 측면에서 바람직해 보였다.

우리나라의 경우 수년 전부터 광역 지자체 또는 정부 주도로 많은 예산을 들여 2~3일 동안 귀농 박람회를 열고 있다. 그럴 듯한 시설을 설치하고 규모를 키우는 데 집중하기보다는 관람객들이 부담 없이 참여해 필요한 정보를 얻을 수 있도록 다양한 방안을 모색하는 것이 더 중요하지 않을까 싶다.

CHAPTER 03

젊은 농부 육성하는 '토마토학교'

연수생이 재배기술을 배우는 것은 물론 시장 출하까지 직접 할 수 있는 토마토학교의 토마토 연동하우스.

'토마토학교'
농업 후계인력 육성 앞장

연동식 하우스서 교육, 전액 국비 1년은 훈련
2년차땐 직접 농사, 연간 180만 엔 급여 지급받아
한국도 젊은층 귀농 효과적 대책 필요

한국의 농대생들로 구성된 한·중·일 농산업 탐방단 일행과 함께 일본의 신규 취농자 고용시설을 찾았다. 이 시설은 오이타현 다케다시에서 전략적 산지 진흥 지원사업의 하나로 '(사)토마토학교'에 위탁하고 있었다.

다케다시 담당 공무원은 "농촌의 후계인력 육성을 위해 이 사업을 하고 있다. 인력 육성을 통해 고령화된 산지 체질도 강화할 수 있을 것으로 기대한다"고 말했다. 사업 운영방식은 현과 시·농협이 연합해 오이타현 토지개량사업단체 연합회를 결성하고, 연합회로부터 관리를 위탁받은 토마토학교에서 신규 취농 희망자의 연수와 지도를 맡는 형태였다.

시설 규모는 토마토를 재배하는 40a(1210평)의 연동식 하우스로, 7,300만 엔(약 7억 3,000만 원)의 사업비가 투입됐으며, 전액 국비로 지원됐다. 연수 주체인 토마토학교(교장 고이케)는 연수생이 재배기술을 습득하는 것은 물론 시장 출하까지 직접 하는 일체형 방식의 연수를 실시한다. 연수기간은 2년으로, 토마토 재배기간인 4월에서 다음해 1월까지 집중적으로 진행된다. 고이케 교장은 "이 지역은 한때 100여 농가가 토마토를 재배했지만 현재는 고령화로 약 80농가로 감소했으며, 그나마 나머지 농가들도 고령화돼 이대로 가면 산지로서의 명성은커녕 작목반 유지도 어려워질 지경"이라고 말했다. 이런 가운데 지역에 연수시설이 생기면서 젊은 농부들이 유입돼 기대가 높다고 전했다. 2년 연수기간 중 1년은 훈련 방식으로 진행되며, 2년차에는 연수생 스스로 연구하고 재배하면서 지도를 받는 방식이다. 앞서 소개했듯이 일본 정부에서는 연수기간 최장 2년 동안 연간 150만 엔(약 1,500만 원)의 청년 취농 급부금을 지급한다.

하지만 토마토학교는 청년 취농 급부금 대신 이 농장에서 나온 소득 중에서 연간 180만 엔(약 1,800만 원)의 급여를 지급하므로 30만 엔(약 300만 원)을 더 지급한다. 또 연수 종료 후 창업하면 다른 신규 취농자와 마찬가지로 5년 동안 매년 청년 취농 급부금 150만 엔(약 1,500만 원)을 받게 된다.

현장에서 만난 연수생 다카하시씨(36)의 경우는 일본의 명문대학인 교토대학 농학부를 졸업하고 회사생활을 하다가 아내와 함께 이곳에 입소한 지 1년이 되었다고 한다. 그는 명문 농대에서 석사까지 마쳤지만 정작 농업을 하려고 하니 아무것도 아는 바가 없어 실전기술을 배우기 위해 입교를 결심했다. 그래도 1년을 지내보니 토양·비료·식물생리 등 대학에서 배운 기본적인 원리와 기초가 있었기에 훨씬 이해가 잘됐다고 한다. 역시 농대 출신으로 이곳에서 연수를 마치고 창업해 이 지역 80여 농가 가운데 '베스트 10'에 꼽힐 정도가 된 선배도 있다고 덧붙였다.

그에게 도시생활을 접고 농업을 택한 이유를 물었다. 그는 한참을 생각하더니 "도시생활이 불확실하고 소모적이라는 판단으로 귀농을 고민하던 중 농사기술에 대한 연수와 창업 후 자금지원 등 뚜렷한 지원정책을 알게 되면서 다니던 회사를 그만두고 결심할 수 있었다"고 털어놨다.

　최근 일본에서는 젊은층과 여성들의 귀농이 크게 증가하고 있다. 우리나라도 마찬가지다. 2014년 통계청 발표 자료에 따르면 40대 이하 젊은층의 귀농·귀촌 증가율은 43%로 평균 증가율 37.5%보다 높게 나타났다. 며칠 전 발표한 통계청 자료에서도 귀농 가구주의 평균 연령은 54세이지만 그중 40대 이하가 20%, 30대 이하가 9.6%로 젊은층의 귀농이 두드러지는 추세다. 현장을 동행한 한국의 농대생들은 일본의 젊은층에 대한 지원 정책을 부러운 시선으로 바라보며, 우리나라도 젊은층의 귀농에 대한 보다 효과적인 정책이 필요하다고 입을 모았다.

CHAPTER 04

귀농인 부부의 6차산업 성공기

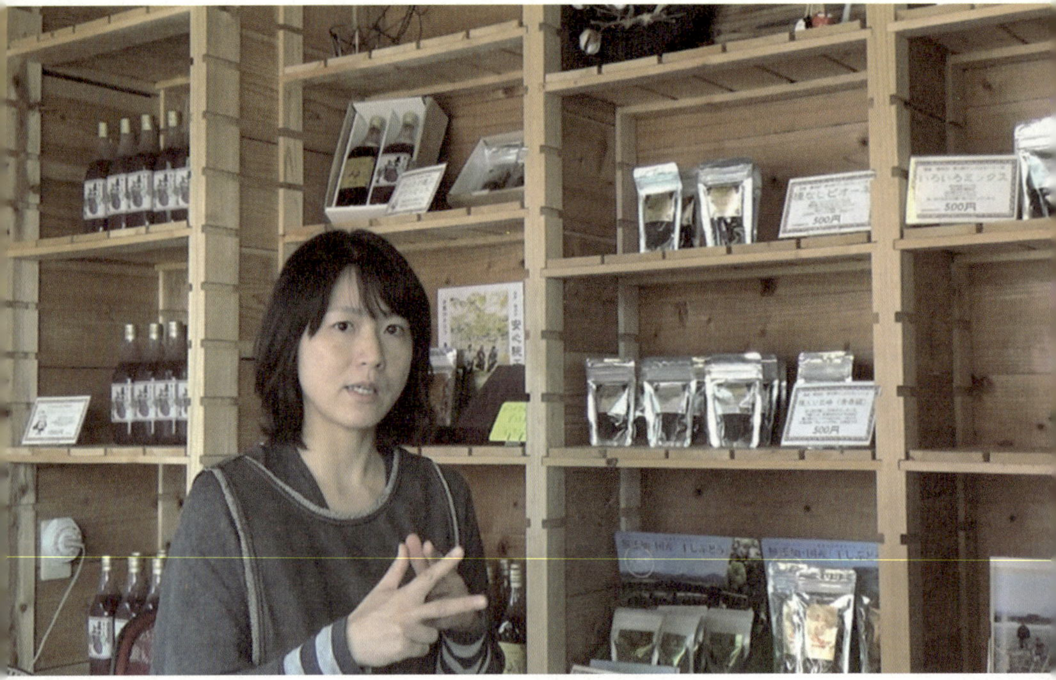

무네타케씨 부부가 운영하는 포도 직판장. 도로변에 위치한 포도 직판장에서
부인 노리에씨가 상품을 설명하고 있다.

포도 소스·건포도·주스로 가공
도로변 생과 판매장서 함께 판매

유기질비료만 사용, 품질좋아 각광
대도시로 매장 확대, 미국 수출까지

생산부터 가공·판매·관광까지 아우르는 6차산업은 일본에서도 대세다. 다양한 경력을 가진 귀농인들이 6차산업에 관심을 갖는 것도 우리와 비슷하다. 그럼 일본의 귀농인들은 6차산업을 어떻게 활용하고 있을까? 6차산업에 도전하며 농촌에 성공적으로 정착한 일본의 귀농인을 만나봤다.

규슈 오이타현 우사시로 귀농한 무네타케씨(41)는 도쿄농업대학 농학부 농학과에서 석사과정을 수료했다. 농대를 다니던 시절, 농학은 점점 발전하는데 정작 농촌은 텅텅 비어 가고 있는 실정을 보면서 그는 현장으로 가고 싶다는 생각을 했다. 그래서 1999년 고향인 오이타현 우사시로 돌아왔다. 그는 포도원을 운영하던 부친과 직원들로부터 지식과 기술을 배운 뒤 2008년 '미야타 패밀리 포도원'의 경영을 맡았다. 〈거봉〉 포도농장을 이어받은 무네타케씨는 부친이 수십 년 동안 쓰던 화학비료 대신 쇠똥퇴비·깻묵·어분·쌀

겨 등 유기질 비료만 사용했다. 그렇게 생산한 포도는 먹는 순간 왕이 된 기분이 들 정도의 최고급 포도라는 뜻으로 〈임금님 포도〉라 이름 붙였다.

그런데 아무리 애를 써도 포도알의 크기가 제각각이고 송이 중 몇 알에서 착색 불량이 발생했다. 맛은 우수하지만 모양이 좋지 않아 시장에서 인정받지 못하는 '규격 외 포도'를 어떻게 해야 하나 고민스러웠다. 그래서 포도알을 한 알씩 떼어내 말려보자 생각했다.

"맛있는 과일은 농축하면 맛이 더 좋아져요. 2등품이 아닌 1등품을 말리면 품질에서 차이가 날 수밖에 없죠. 시중의 건포도 제품들은 대부분 2등품 원료를 사용하는데다 외국산 건포도가 많아 승산이 있을 거라 확신했어요."

그래서 그는 제값을 못 받는 포도를 건포도로 가공했다. 이어 100% 거봉주스와 잼·소스 등의 상품까지 개발하고 민박도 운영했다. 그 결과 2012년에는 6차산업화법에 근거한 종합사업으로 인정받아 인근 2명의 젊은 농부와 ㈜드림 파머즈를 설립했다. 그가 개발한 포도 가공상품이 호평을 받는 것은 미야타 패밀리 포도원에서 생산한 양질의 포도를 사용하기 때문이다. 현재는 드림 파머즈의 3농가가 10㏊에서 생산하는 포도만으로도 원료가 부족하지 않지만, 매출이 계속 늘고 있어 향후엔 농장 규모를 확대하거나 지역에서 공급받을 계획이다.

가공을 통해 새로운 활로를 찾는 데에는 성공했으나, 가공제품은 생과와 달리 판로확보가 어려웠다. 대부분의 가공제품이 원재료의 형태가 남아 있지 않은 상태로 바뀌는데, 이 경우 소비자는 익숙하지 않은 브랜드에 선뜻 손을 내밀지 않기 때문이다. 그래서 그는 도로변에서 운영하는 생과 판매장의 한 부분을 가공상품 판매장으로 개조해 기존의 생과 손님을 대상으로 판매하면서 인지도를 높여 나갔다. 현재는 도쿄 등 대도시 매장에까지 판매를 확대하는 한편, 소량이지만 미국 수출까지 이루게 되었다고 한다. 판매 담당은 부인 노리에씨(44)다. 오이타 시내의 변호사 사무실에서 일하던 그녀는 8년 전 무네타케씨와 결혼하면서 이 마을로 왔다. 그녀는 농업에 대해서는 잘 모르지만 가공이나 판매에 대한 아이디어가 많아 판매장에서 큰 역할을 하고 있다.

부부는 포도를 활용한 6차산업을 통해 농촌에 성공적으로 정착하며 만족스러운 삶을 살고 있다. 그러나 아직 농촌 생활에는 불편한 점들이 있다고 토로한다. 주변에 비슷한 나이의 어울릴 만한 사람들이 적고, 병원도 멀어 힘들다는 것이다. 한국이든 일본이든 귀농해 소득원을 마련하는 것 못지않게 어려운 것이 생활의 불편함이나 외로움이다. 젊은 사람들이 더 많이 들어와 농촌에 활력을 불어넣었으면 하는 것이 이들의 바람이다.

CHAPTER 05

'Only one' 상품 만드는 귀농인 사와다씨

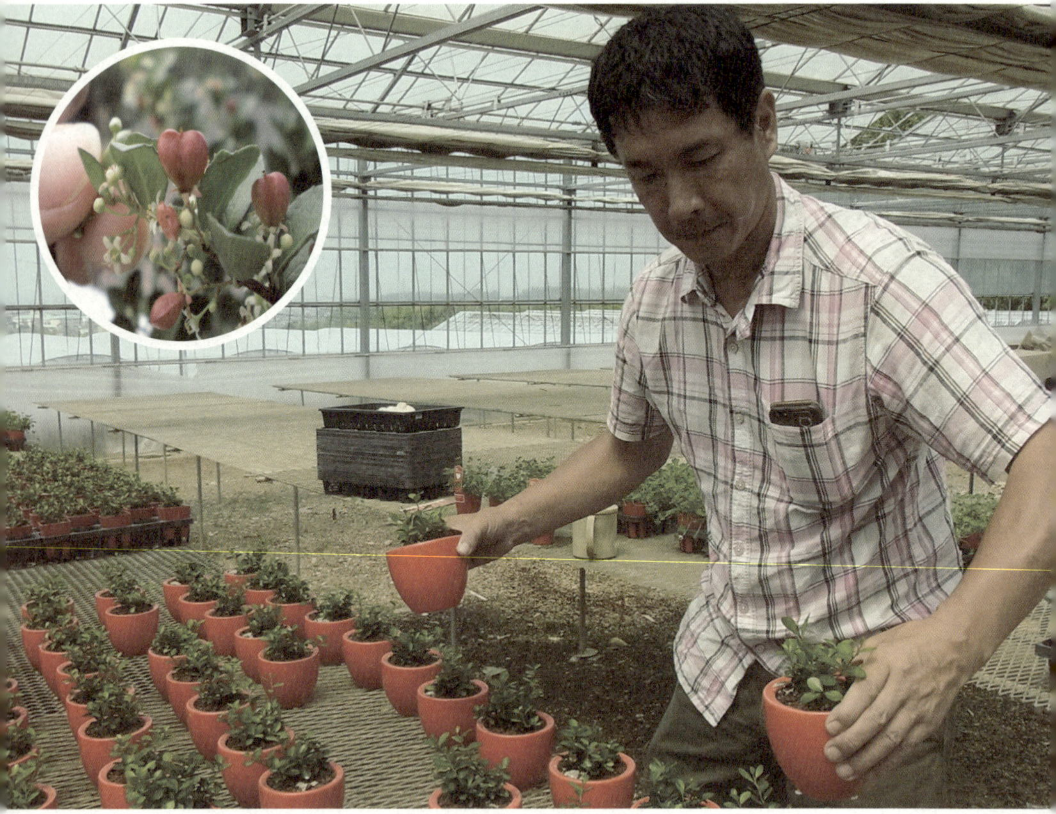

하트 모양의 열매가 열리는 '하트트리' 상품을 개발한 사와다 고타로씨.

사랑 열매 '하트트리'
소비자가 찾는 가치 개발이 중요

사랑 열매 '하트트리'로 6차산업 선도
꽃·식물 통해 심성 기르는 교실 운영
힘든 사회 희망 주는 사업도 계획

나고야공항에서 10여분 거리인 아이치현 도코나메시에는 세상에서 단 하나뿐인 상품으로 일본 농림수산성이 인정하는 '6차산업 달인'에 선정된 귀농인 사와다 고타로씨(48)의 농장이 있다. 사와다씨는 본래 농업과 인연은 없었다. 대학 졸업 후 증권회사에 취업했으나 원예와 조경에 관심이 생기면서 3~4년 후인 서른살에 퇴직했다. 그 후 고향으로 돌아온 그는 부모님 소유의 토지에 초화류를 재배하는 사와다농원을 창업했다. 현재 그의 주력 품목은 빨간 하트 열매가 열리는 '하트트리(Heart tree)'다. 이 식물은 본래 오키나와 지방에서 멸종되어가던 '하리쯔루 마사키'라는 식물의 돌연변이종이다. 그는 이 식물에 하트 모양의 열매가 열리는 것을 알고 '행복과 미소를 가져온다'라는 콘셉트로 상품개발에 성공했다.

하트트리의 꽃말은 '작은 행복'으로, 밸런타인데이나 크리스마스, 어버이

날 등에 사랑과 감사의 선물로 애용되고 있다. 손녀에게 하트트리를 선물받은 할머니가 "네가 보내준 사랑이 이번에도 열매를 맺었다"라고 했다는 얘기가 매스컴에 소개되는 등 하트트리는 남녀노소 구분 없이 마음을 전달하는 매개체로 각광받고 있다. 현재 농원과 인터넷 쇼핑몰 판매를 통해 연간 4,000만 엔(약 4억 원)의 매출을 올리고 있다. 또 유치원 아이들을 대상으로 꽃과 식물을 통한 심성 기르기 교실도 운영하고 있다.

이 같은 하트트리의 성공은 사와다씨의 남다른 집념과 필사적인 노력의 결과라 할 수 있다. 그가 처음 농장을 시작했을 때만 해도 경기가 좋아 팬지 등 초화류가 어느 정도 팔렸다. 그러나 불경기로 가드닝 붐이 꺼지고, 수입 화훼가 물밀 듯이 들어오면서 가격이 떨어져 생산비도 건질 수 없는 지경에 이르렀다. 그런데 이상한 것은 다른 농가들은 그런 상황을 당연하게 여기는 것이었다.

'농가 스스로 가격을 매길 수 있는 농업은 없을까?' 고민하던 차에 지인을 통해 듣게 된 것이 하트트리 식물이었다. 그때 떠오른 생각이 세상에 오직 하나밖에 없는 '온리원(Only one)' 상품을 만들어보자는 것이었다.그래서 그는 육종에 매달렸다. 육종에 대해 배운 적이 없지만, 관련 책과 자료를 봐가며 선발 육종을 시작했다. 종자를 받아 파종하고 열매가 확인될 때까지 3~4년이나 걸려 여간 어려운 일이 아니었다. 그렇게 10년 동안 선발 육종을 시도한 끝에 지금의 품종으로 고정시켜 2010년 상품화에 성공했다.

현재 하트트리의 판매가격은 지름 10p짜리 작은 화분 하나가 3,000엔(약 3만 원)이다. 그는 귀농해서 만들어내는 제품이 기존의 상품과 조금 다른 정도로는 고부가가치를 올릴 수 없다고 주장한다. 예를 들어 시중에서

600엔(약 6천 원)인 토마토주스를 800엔(약 8천 원)에 만들어 판다면, 그걸 먹어본 고객이 다시 찾게 만드는 뭔가가 있어야 한다는 얘기다. 800엔(약 8,000원)에 걸맞은 기능성이나 가치가 없으면 아무리 귀농인이 정성스럽게 만들어낸 상품이라도 소비자들은 지속적으로 지갑을 열지 않는다. 그의 하트트리가 고가에 판매되는 데에는 그만큼 소비자들이 지속적으로 찾게 만드는 가치가 있다는 것이다. "특히 부부 창업 형태인 귀농인의 경우 자신만의 가치나 서비스를 찾아내는 것이 중요합니다. 정부의 지원만 믿고 무작정 사업을 추진했다가는 낭패를 볼 수 있습니다."

그는 이제 선물상품 판매에 머물지 않고, 사랑을 전하는 하트트리의 콘셉트에 맞게 사회의 어렵고 힘든 곳곳을 비추는 사업을 적극 추진하려고 한다. 예를 들어 복지시설과 공동상품 제작, 동일본 대지진 재해지원 모금 프로젝트, 난치병 환자나 장애인 지원 활동 등 여러 가지 형태로 하트트리의 가치를 확대하는 새로운 사업을 전개할 계획이다.

CHAPTER 06

지역농업 인력육성 창구 '홋카이도 후계농육성센터'

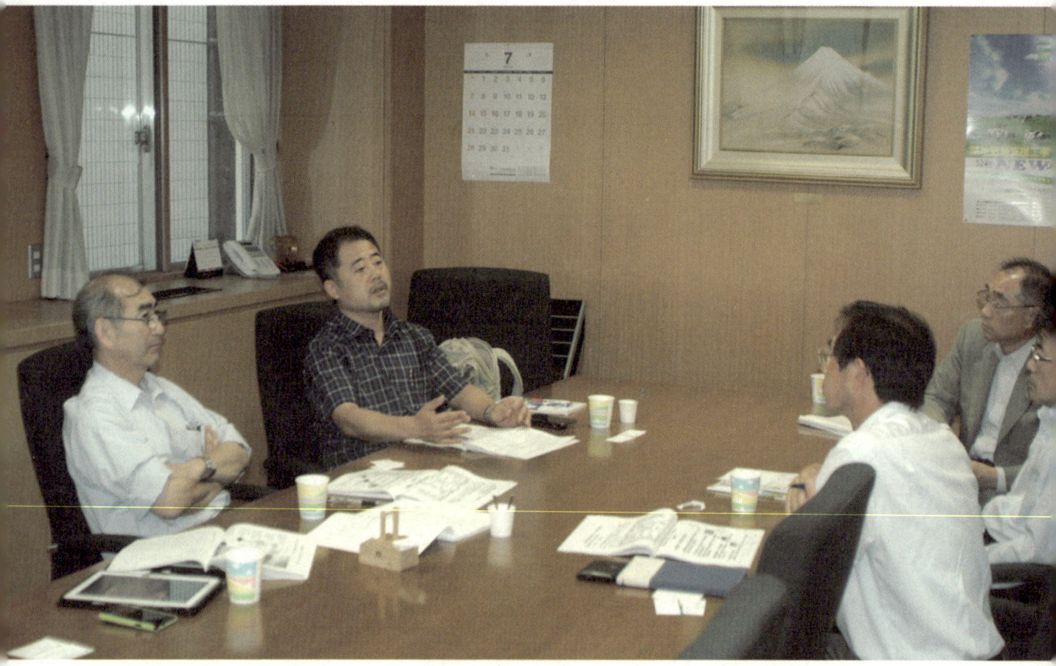

취농을 담당하는 홋카이도 공무원들과 필자(왼쪽 두번째)가 한국과 일본의 귀농정책에 대해 이야기를 나누고 있다.

'홋카이도 후계농육성센터'
취농희망자 정착 돕는 안내자 역할

홋카이도–시·군–농업단체 협력
인정 취농자, 기술습득 비용 대출, 연수 경비·상해보험료 등도 지원
귀농·귀촌지원 해당 지자체 역할 커

일본 최북단의 홋카이도(북해도)는 일본 젊은이들에겐 로망의 대지다. 드넓은 농지, 천혜의 토질과 기후, 선도적인 농정까지 영농에 알맞은 조건을 모두 갖췄다. 특히 지자체와 지역농업 주체들이 농촌의 활성화를 위해서는 열정과 경영 능력을 갖춘 청년층의 취농을 촉진해야 한다는 판단으로 일찍부터 취농정책을 도입했다. 홋카이도의 취농정책은 우리에게도 시사하는 바가 크다.

일본 정부는 1995년 2월 '청년 등의 취농 촉진을 위한 자금 융자 등에 관한 특별 조치법'을 제정했다. 그러자 홋카이도 지방정부는 같은 해 9월 발 빠르게 대응해 '홋카이도 후계농업인 육성센터'를 설립했다. 홋카이도(道), 시정촌(市町村, 시·군), 농업 관련 기관 및 단체들이 공동으로 설치한 이 센터에서는 홋카이도로 취농을 희망하는 이들을 대상으로 상담·자금 지원·

농촌연수 등 종합적인 지원을 실시한다. 특히 관공서(160곳), 농업위원회(8곳), 농협(3곳) 등 도내 171곳에 설치된 '지역 후계농 육성센터'를 통한 상담 지원은 정밀하고 체계적이라 어디로 어떻게 취농해야 할지 막막해하는 예비 귀농자들에게 훌륭한 안내자 역할을 하고 있다.

또 이곳에서는 지역의 관계기관과 단체가 센터와 연대하면서 연수나 취업을 위한 정보 제공, 경영 상담, 정책자금 활용 지도 등의 업무를 수행한다. 모리 코우지 홋카이도 취농상담과장은 "신규 취농 때 가장 어려워하는 것은 농지 확보 · 자금 · 농업기술"이라며 "특히 젊은이들의 진입장벽을 낮추기 위해 지자체가 농업 주체들과 다양한 협력을 추진하고 있다"고 말했다.

또 홋카이도는 젊은이들의 취농을 위해 취농 지원자금 제도를 적극 실시하고 있다. 홋카이도에서 농업에 종사하려고 하는 '인정 취농자'에 대해서는 기술 습득 등에 관한 비용을 무이자로 대출해준다. 인정 취농자는 홋카이도 취농계획 인정 요령에 근거해 홋카이도 지사의 인정을 받은 사람을 말한다.

그 외에도 연수생을 받고 있는 농가와 후계농 육성 관계자를 대상으로 연수회를 개최하는 한편 농업 연수에 드는 경비나 연수생 생활기반, 상해보험료의 일부를 지원한다. 이와 함께 예비 취농자를 위한 상담 지원을 위해 14명의 '취농 어드바이저'를 운영하고 있다.

취농 어드바이저는 비농업계 출신으로 의욕적으로 영농을 하고 있는 선배 귀농인, 홋카이도 이외 지역에서 결혼 등으로 이주해 열심히 활동하고 있는 여성농업인, 연수생을 받아 지도하고 있는 지도농업사 중에서 지정한다.

2014년 한해 동안 홋카이도의 신규 취농자 수는 612명이다. 연령대별로는 40세 미만이 247명이고, 그중에서도 20대가 144명이나 될 정도로 젊은층의 취농이 두드러진다.

특히 농가 출신 자녀의 '유턴' 취농자는 283명으로 2013년보다 2명 감소한 반면, 비농가 출신의 신규 취농자는 37명이나 증가한 125명이었다. 이렇듯 홋카이도에서는 중앙정부의 청년 취농 급부금 이외에도 농지 확보나 영농기술 습득, 영농기반 정비, 정책자금 안내 등 다양한 노력을 통해 비농가 출신 취농자들이 영농에 성공적으로 정착하도록 돕고 있다.

귀농·귀촌은 정부보다 지자체의 역할이 크다. 우리의 경우 정부에서 운영하는 귀농귀촌종합센터에서 다양한 지원과 안내를 하고 있지만, 지역 실정에 맞는 도움을 줄 수 있는 지자체가 더욱 적극적으로 나서야 한다.

지자체 차원에서 해당 지역으로 귀농·귀촌을 원하는 사람들이 무엇을 어떻게 해야 하는지 구체적으로 제시하고 실질적으로 지원하는 시스템을 갖춰야 한다.

CHAPTER 07

여성농업인 육성하는 '비호로 미래농업센터'

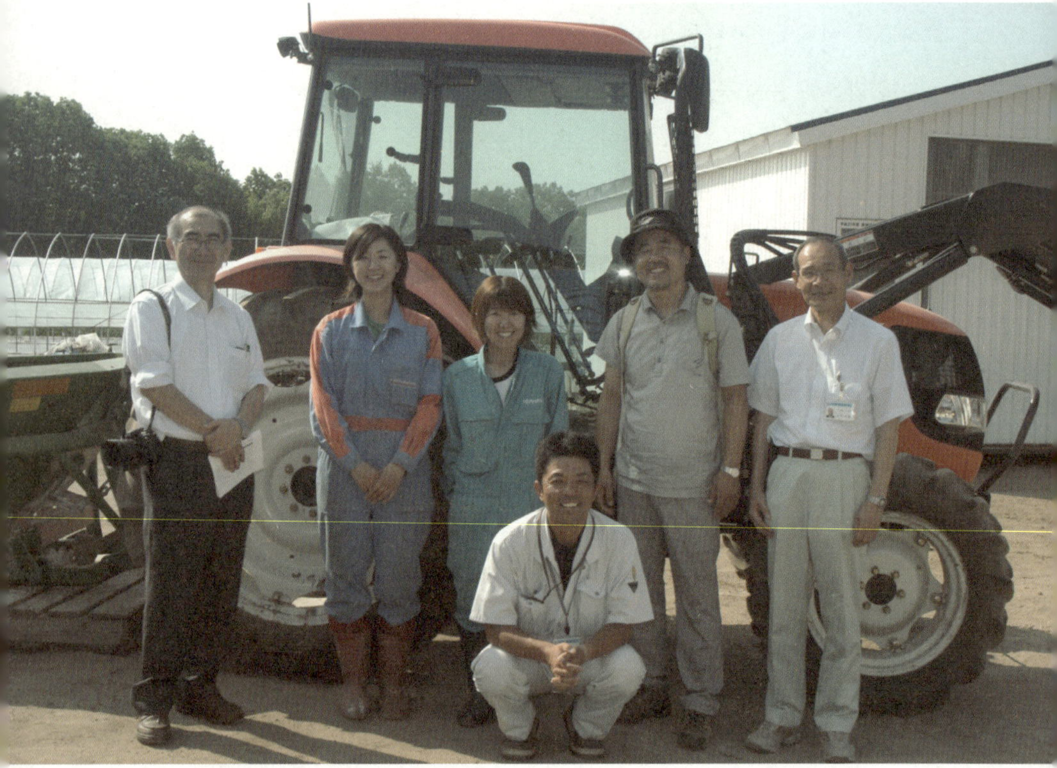

비호로 미래농업센터에서 연수를 마친 뒤 정착한 마치나츠씨(왼쪽 두번째)와 카와미카씨(왼쪽 세번째)가 필자(오른쪽 두번째)와 함께 농기계 앞에서 기념사진을 찍고 있다.

'비호로 미래농업센터'
3년 과정 '경영승계방식'으로 여성농업인 육성

지자체서 연수생에 월세 등 보조, 청년 취농 급부금 등
정부 지원, 후계농 확보 · 인구증가에 큰 도움
교육 마쳐도 기술 · 경영지도 지속

홋카이도 서단에 위치한 비호로정(美幌町)은 농림업을 기간산업으로 하는 인구 2만명의 중소 도시다. 홋카이도에서의 삶을 희망하는 일본 본토 젊은이들이 늘고, 홋카이도 내 비농업 분야 사람들의 농업에 대한 관심이 높아지면서 이 도시엔 '비호로 미래농업센터'가 설립됐다. 비호로 미래농업센터는 15㏊의 실습포장과 2㏊의 농기계 훈련장, 트랙터 등의 농기계를 갖추고 있다. 또 숙식과 교육이 가능한 본관동을 비롯해 도서관 · 전산실 등 장기 합숙에 필요한 시설을 완비하고 있다.

이곳에선 신규 취업농 육성, 여성 대상 농업체험 실습교육, 시민농원 운영 등을 진행하고 있다. 신규 취업농 육성은 3년 과정으로 운영하는데, '경영 승계방식'에 의한 신규 취농을 권장하고 있다. 담당자인 유라이씨는 "경영 승계방식은 이농자로부터 농지 · 주택 · 농기구 · 축사 등 경영체 전부를

유상 양도하는 방식으로 지역농업 기반의 유지, 역량 있는 후계농 확보, 지역 활력을 위한 인구 증가에 도움이 된다"며 "이농 예정자의 신청이 있을 때 연수생을 모집하는 형태로 운영한다"고 말했다.

연수기간은 3년으로, 1·2년째는 센터에서 전임지도원의 지도 아래 지역의 주요 작물 재배기술 등에 대한 기초적인 교육을 실시한다. 3년째에는 취농처가 되는 농가에서 실제 영농과정을 체험한다. 연수생에게는 지자체에서 월액 보조금, 월세 조성금, 취농 장려 보조금 등을 지급한다. 또 정부와 홋카이도의 지원 제도인 청년 취농 급부금을 주고, 농업을 시작하면 취업 영농 자금 등을 지원한다. 여성농업인을 확보하기 위한 농업체험 실습교육은 18세 이상 50세 이하의 독신 여성을 대상으로 한다. 장기(약 7개월)·중기 (2개월 이상 7개월 미만)·단기(2주 이상 2개월 미만)로 실시하며, 교육기간 동안 생활이 가능하도록 월 2만 3,000엔(약 23만 원)의 숙박비와 5,000엔 (약 5만 원)의 일당을 지급한다.

아라키 마치나츠씨(38)와 카와미카씨(36)는 비호로 미래농업센터에서 연수를 마치고 창업한 사례다. 오사카의 IT회사 동료였던 이들은 홋카이도를 여행하다 살고 싶은 마음이 들어 연수를 받고 정착했다. 이들의 주작목은 양액에 소금을 섞어 당도를 높인 '소금 토마토'. 지름 6㎝ 내외로 작은 소금 토마토는 당도가 높아 인근 슈퍼마켓에서 인기가 높고, 삿포로 시내의 마트나 본토에서 선물용으로도 판매되고 있다. 수확시기가 7~10월로 늦게까지 출하돼 경쟁력이 있다고 한다. 이들은 또 일반 토마토와 아스파라거스·피망·복숭아도 키우고 있다. 취농 8년째인 이들은 트랙터나 관리기 등 농기계도 척척 다루는 등 이제 당당한 농민으로서의 역할을 다하고 있다. 마치나

츠씨는 "다른 지역의 음식점에도 납품하는데 과일의 당도가 높아 호평을 받고 있다"며 "아직도 비배관리가 어렵기는 하지만 넓은 대지에서 작물을 키우고 누군가에게 맛있는 농산물을 제공할 수 있어 기쁘다"고 말했다.

그는 또 "비호로 미래농업센터에서의 연수를 통해 자신감을 얻었으며, 연수 이후에도 기술이나 경영지도를 꾸준히 해줘 큰 버팀목이 되고 있다"며 "특히 젊은 세대를 대상으로 한 정부의 창업자금 지원이 없었다면 지금의 영농규모는 어림도 없었을 것"이라고 덧붙였다. 이들의 목표는 후배들을 위해 필요하다면 농장을 개방하는 한편 여성들을 대상으로 하는 작은 농업연수원을 운영하는 것이다. 고령화와 시장개방으로 인해 경쟁력을 잃어가는 농업·농촌에 젊은이를 유치하기 위한 과감하고 체계적인 일본 정부와 지자체의 노력은 시사하는 바가 크다.

CHAPTER 08

은퇴농 영농기반 임대제도

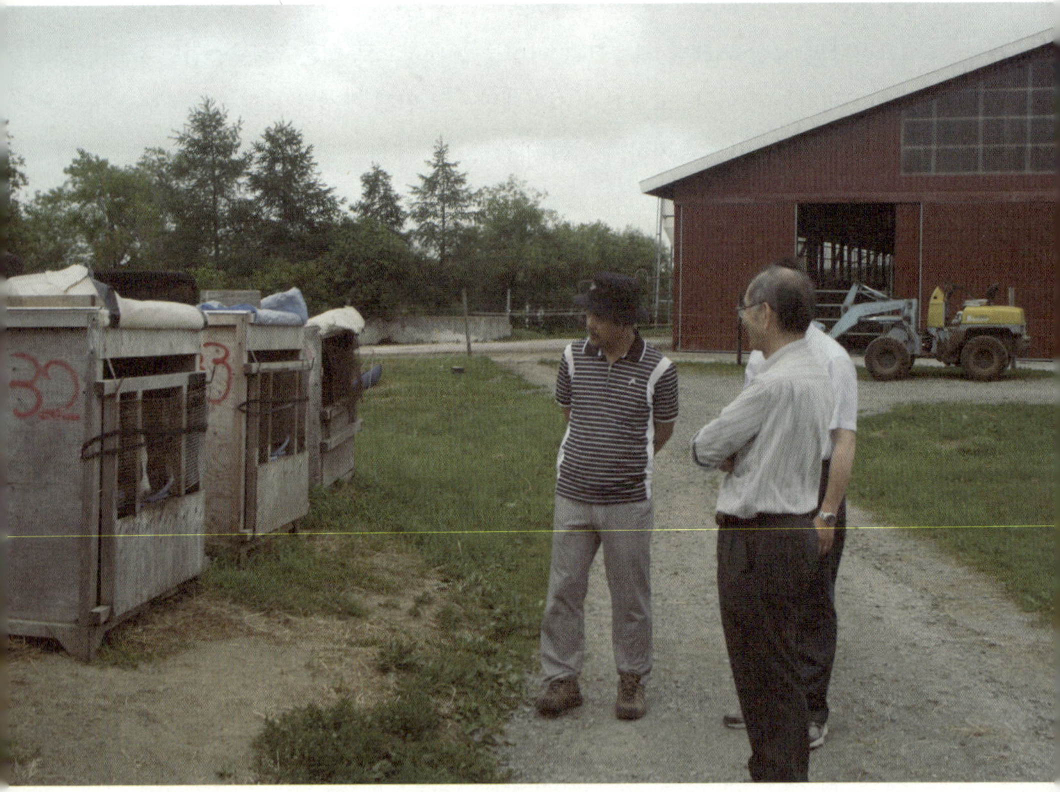

하마나카정(浜中町)이 농협과 함께 운영하는 연수 목장을 둘러보고 있는 필자(맨 왼쪽)와 목장 관계자들.

은퇴농가 농장, 농업공사가 확보해 지원
예비 취농인 5년 임대 후 인수

지자체가 임대료 · 매입자금 보조
은퇴농이 멘토해 줘 정착에 용이
후계농 확보 · 농업기반 유지 효과

오사카 출신으로 1999년 홋카이도로 귀농해 하마나카정(浜中町)에서 목장을 운영하는 아시다씨는 현재 80마리의 젖소를 키우고 있다. 그는 지역의 연수 목장에서 취농 연수를 마치고 80㏊의 초지와 48마리의 젖소, 착유기를 비롯한 기계설비 등 영농기반을 지역 농업공사와의 계약을 통해 마련했다. 조건은 연간 800만 엔(약 8,000만 원)의 임대료를 지불하는 것으로, 임대료의 50%는 지역에서 지원하며 5년 후 인수를 전제로 계약했다. 목장은 은퇴한 농가의 영농기반을 농업공사가 매입해 확보해둔 것이다.

또 효고현 출신의 모리타씨는 홋카이도 귀농을 목표로 연수를 시작했으나 연수기간 동안 이농하는 농가가 없어 4년이 지난 2013년에야 취농해 64마리의 젖소를 키우고 있다. 그 역시 5년 후 목장 인수를 전제로 임대 운영 중이다. 임대 기간 중에는 기존의 목장주가 멘토가 되어 기술과 경영지도를 지원하고 농협에서는 목장주에게 일정한 사례비를 지급하기도 한다.

이처럼 은퇴한 농가의 농장을 농업공사가 확보해 5년 임대 후 매입하는 방식은 예비 취농인들의 정착을 돕는 새로운 형태로 주목받고 있다. 사전 연수를 받은 뒤 임대를 통해 영농기반을 모두 갖출 수 있는데다 은퇴농이 멘토가 되어주기도 하고 각종 지원이 수반되므로 정착에 용이하기 때문이다. 또 사용하던 축사와 기계설비 등을 제값 받고 처분할 수 있어 은퇴농에게도 효과적으로 퇴로를 열어주는 방법으로 호응을 얻고 있다. 지역의 입장에서는 고령농을 대체할 젊은 농부 확보와 농업기반의 유지라는 효과를 거둘 수 있다.

임대와 인수방식은 매우 흥미롭다. 예를 들어 농장 인수금액이 5,000만 엔(약 5억 원)이라면 임대비가 연간 400만~600만 엔(약 4,000만 원~6000만 원)인데, 이 중 절반을 홋카이도와 해당 지자체에서 보조한다. 이는 초기 5년간 경영이 불안정한 시기에 큰 도움이 되는 지원이다.

더구나 5년 임대기간 후에 매입할 때는 5,000만 엔(약 5억 원)에서 기존 임대비용(자부담+행정지원) 2,000만 엔(약 2억 원)(연간 임대비가 400만 엔(약 4,000만 원)일 경우)을 제외한 3,000만 엔(약 3억 원)만 지불하면 되는 구조로, 5년간 지불한 비용은 결국 임대비가 아니라 총 농장대금 중 일부를 매년 갚은 것이나 다름없다. 매입자금 3,000만 엔(약 3억 원)도 융자가 가능하다. 25년 상환에 연리 2% 수준이다. 이 중 1%는 행정이 보조해주며, 임대하던 축사·농장·가축 등이 본인 명의가 되면서 동시에 담보로 설정된다. 구입 예정 농장의 담보가치가 부족해 필요한 융자를 받을 수 없으면 농협이 신용과 신뢰로 대출해준다. 특히 개인과 개인의 거래가 아니고, 이미 농업공사에서 매입한 금액을 기준으로 하기 때문에 해당 물건의 담보가치가 터무니없이 낮은 경우는 없다고 한다.

하마나카정은 이 같은 방식에 힘입어 현재 지역 내 낙농 농가의 10%가 신규 취농자로 구성돼 있다. 하마나카정은 낙농으로 특화된 지역이라 낙농 분야에 한해 이 방식을 도입하고 있지만, 홋카이도 전역에서는 지역별로 특화된 작목과 축종에 대해 이 같은 방식을 운영하고 있다. 중앙정부의 정책에만 의존하지 않고 지역이 스스로 나서는 좋은 사례라 할 수 있다.

이상으로 일본의 귀농에 대해 살펴보았다. 일본의 귀농 지원은 농림수산성을 비롯해 총무성 · 국토교통성 · 문부성 등 여러 부처와 지자체 · 농협 · 각종 NPO(비영리단체) · 협의회 등 민간조직들이 협력하고 있다. 도시민이 시골로 이주하기 위해서는 생활환경, 육아 및 가사 서비스, 교통과 통신기반 등 제반 사회 여건의 구축과 개선이 필요하기 때문이다. 요컨대 각 부처의 관심과 상호 협력에 더해 지역에 대한 애착과 열의가 있는 지역 민간기관과의 연계가 지속성과 효과성을 발휘할 수 있다.

한국농촌사회학회 2015년 춘계학술대회 주요 내용

한국농촌사회학회(회장 박대식 · 한국농촌경제연구원 선임연구위원)는 22일 서울 동대문구 회기동에 있는 농경연 대회의실에서 '귀농 · 귀촌과 지역사회 · 경제 활성화'를 주제로 2015년 춘계학술대회를 열었다(사진).

학술대회에서는 최근 농촌 지역의 가장 큰 화두 중 하나인 '귀농 · 귀촌'을 바라보는 다양한 시각의 주제발표와 향후 과제에 대한 집중토론이 이어졌다. 학술대회의 주요내용을 살펴본다.

"귀농·귀촌인, 농업 6차산업화 중요 자원"

지역사회 참여율 66.8% 맞춤교육 · 갈등관리 필요

귀농 · 귀촌인, 농업 6차산업화의 기초 자원으로 활용해야

임형백 성결대 교수는 '귀농 · 귀촌과 농촌개발 및 6차산업화의 과제'란 주제 발표에서 "지금까지의 수많은 농촌개발 정책 실패의 근본적 원인은 결국 인적자본의 부족이며, 인적자본이 확보되지 않는다면 농업의 6차산업화도 공허한 메아리에 그칠 것"이라면서 "귀농 · 귀촌인구를 농업의 6차산업화 달성을 위한 기초 자원으로 적극 활용해야 한다"고 주장했다.

현재 농촌의 인적구성을 고려할 때 농촌 내부에서의 인적자본 조달이 불가능한 상황으로 외부 유입이 절실한데, '귀농 · 귀촌인구가 중요한 인력 공급원이 될 수 있다'는 게 그의 주장이다. 그러면서 그는 농업 6차산업화 인력 양성을 위한 '단계별 전략 방안'을 제시했다. 단기적으로는 새로운 인력의 유입이 이뤄지지 않는 현재 상황을 고려해 기존 농업인력 중에서 인적자본을 육성하는 동시에 중기적(과도기적)으로는 귀농 · 귀촌을 통한 외부 인력 유입을 모색하고, 이를 토대로 장기적으로 우수한 농업경영인을 충분히 양성할 수 있는 인력풀을 갖춰나가는 틀을 마련해야 한다는 것. 임 교수는 "단순한 귀농 · 귀촌인의 통계 수치 증가보다는 성공적 정착을 위한 정책을 개발해 이들의 다양한 경험과 역량이 주민들과 공유되고 농촌개발과 6차산업화에 기여할 수 있게 해야 한다"고 강조했다.

귀농·귀촌인, 지역사회 참여율 높지만 정보 부족은 여전

이날 박대식 농경연 선임연구위원이 발표한 '귀농·귀촌인의 지역사회 참여 실태와 관련 요인' 보고서에 따르면 귀농·귀촌인의 지역사회 참여율은 66.8%로 비교적 높은 수준으로 나타났다. 이는 귀농·귀촌인 1000명을 상대로 마을회의나 행사, 농민·친목 단체 참여 경험 유무에 대해 물어본 결과다.

모임 종류별로 보면 농민단체(33.3%)와 공익봉사활동(41.6%) 참여율은 다소 떨어지는 반면 마을회의나 행사(78%), 농업인 교육(73.8%), 지역 귀농·귀촌인 모임(69.2%) 등에 대한 참여는 상대적으로 더 활발했다. 농민단체 참여율의 경우 귀농·귀촌 기간이 길수록 높아지는 경향이 뚜렷했다. 2013년 이후 귀농·귀촌자는 농민단체 참여율이 24.5%에 그쳤으나 귀농·귀촌 시기가 2011~2012년인 사람은 31.7%, 2009~2010년은 37.3%, 2008년 이전은 43.1%로 점차 높아졌다. 지역사회활동에 참여하는 데 가장 큰 걸림돌은 '참여 관련 기회나 정보의 부족 (66.9%·복수응답 허용)'이었고, 시간 부족(44%), 인맥 부족(38.1%), 마을사람들의 텃세(14.2%)가 뒤를 이었다. 박대식 선임연구위원은 "지자체나 귀농·귀촌인단체 등에서 지역사회참여 활동과 관련한 정보를 보다 체계적으로 제공하고, 농한기를 활용하는 프로그램이나 활동을 늘릴 필요가 있다"고 말했다.

귀농·귀촌 대신 새로운 표현 필요

'귀농·귀촌'이란 단어는 귀농·귀촌인을 현지 주민과 정서적으로 분리시키므로 새로운 표현이 필요하다는 지적도 나왔다. 윤영우 충북 괴산 흙사랑영농조합법인 이사는 "현재 귀농인은 평생토록 귀농인으로 불려야 해 괴리감이 크다"면서 "지역민과 동질감을 느낄 수 있도록, 이를테면 '신규농업인'이나 'ㅇㅇ마을 신규 전입가구' 등 정서적으로 하나되는 용어의 사용이 필요하다"고 주장했다. '갈등 관리'의 중요성도 강조됐다. 채상헌 천안연암대 교수는 "현장에서 보면 귀농인과 기존 주민 간 갈등 관리에 대해서도 정책적인 관리를 고려해 봐야 하는 시점이라는 생각이 든다"면서 "귀농 희망자를 대상으로 '왜 시골에서 살고자 하는지' 이유 찾기에 대한 교육을 강화하고, 지역민을 대상으로도 '귀농인은 내 파이(영역)을 뺏는 게 아니라, 2인3각을 함께하는 파트너'라는 생각을 갖게 하는 교육이 필요하다"고 말했다.

윤병선 건국대 교수는 "예전에 많이 쓰던 '농(農)에 투신한다'라는 표현이 최근엔 귀농·귀촌이라는 형태로 나타나고 있다"며 "실질적으로 지역에서 일할 젊은이들이 터를 잡을 수 있게 지원 프로그램을 확대하고 귀농·귀촌과 지역이 융합될 수 있게 하는 시스템에 대한 고민이 필요하다"고 강조했다. 김덕만 귀농귀촌종합센터장은 "올해 귀농·귀촌 정책의 대전제는 귀농·귀촌 희망자와 초보농업인, 농촌주민에 대한 맞춤형 지원 추진"이라며 "수요자 요구에 맞는 맞춤형 교육을 확대하고 지역민 융화합 갈등관리 표준프로그램도 제시할 계획"이라고 밝혔다.

귀농·귀촌 '고소득 미끼광고' 조심

최근 귀농·귀촌 붐을 타고 일간지 등에 고소득을 내세운 묘목·토지 분양 광고가 늘고 있어
귀농·귀촌 예정자의 주의가 필요하다.

"호두나무 투자대비 3배 수익" "지금 사놓으면 땅값 두배"
귀농·귀촌 '고소득 미끼광고' 조심

작목특성 · 시장성 고려 '신중' 토지분양 땐 현장 방문 필수

서울에서 20여년째 직장생활 중인 김모씨(52)는 요즘 틈만 나면 신문과 방송 · 인터넷을 꼼꼼히 챙긴다. 정년퇴직 후 고향인 충북 보은으로 내려가 농사지을 만한 작목을 찾기 위해서다. 김씨는 "노후보장을 위해 돈도 되고 소일거리도 될 만한 작목을 찾고 있다"면서 "'안정적이고 고소득'이라는 광고 문구에 자꾸만 귀가 솔깃해진다"고 말했다. 김씨와 같이 도시생활을 접고 농사를 짓거나 농촌에 살려는 사람들을 겨냥해 '고소득'을 내건 묘목과 전원주택용 토지 분양에 대한 언론 광고가 늘고 있어 귀농 · 귀촌 예정자의 각별한 주의가 요구된다.

'유망 수종' '지금 사면 땅값 두 배' 유혹

관련업계에 따르면 신문이나 인터넷 포털사이트 등에 가장 많이 등장하는 광고는 '무엇을 심을까 망설이십니까?' '귀농 · 귀촌 미리미리 준비하세요'라는 제목 아래 묘목 분양 홍보가 대표적이다. 이들 광고는 하나같이 '유망 수종'이라

는 점을 내세우며 아로니아(초크베리) · 블랙커런트 등 신품종 과수와 개량꾸지뽕 등 특용수, 조경수 재배를 권유한다. 심지어 '경기 불황으로 신품종 우량 과수 묘목을 저렴한 값에 구입할 좋은 기회'라며 귀농 · 귀촌 예정자의 투자심리를 부추기고 있다. 최근엔 '호두나무'와 '초우량 대추' 등에 대한 기사 형태를 취한 광고가 부쩍 늘었다. 이들 광고 역시 "호두나무 등이 은퇴 후 노후생활을 염려하는 직장인들에게 새로운 대안이 될 수 있다"고 귀농 · 귀촌 예정자들을 현혹하고 있다. 특히 호두나무는 'ㅇㅇ영농법인' 명의로 투자 대비 3배 이상의 수익을 올릴 수 있고, 위탁판매까지 해준다며 조합원을 모집하고 있다. 또 동충하초 · 상황버섯 등 버섯기술단지와 함께 주택 단지용 토지분양 광고도 등장했다. '부동산 개발업자(ㅇㅇ농업회사법인, ㈜ㅇㅇ)'가 내건 이들 광고의 청사진은 자못 화려하다. 연예인을 앞세워 연 최고 30%의 수익을 올릴 수 있다고 유혹하는가 하면, 투자설명회를 열고 "지금 사놓기만 하면 땅값이 두배 이상은 뛴다"며 귀농 · 귀촌 예정자의 투자를 종용한다.

작목과 시장성 검토 후 신중하게 선택해야

귀농 · 귀촌 관련 전문가들은 '고소득'이란 환상은 없다고 지적한다. 돈이 된다는 소리에 무작정 투자했다간 큰 낭패를 볼 수 있다는 얘기다. 채상헌 천안연암대 교수는 "귀농 · 귀촌은 결코 황금알을 낳는 거위가 아니다"면서 "작목의 특성과 시장성 등을 종합적으로 살핀 뒤 신중하게 재배에 뛰어들어야 한다"고 조언했다. 또 '힐링 전원생활'과 '고소득'을 내건 부동산 광고도 조심해야 한다는 지적이다. 기획부동산의 사기 우려가 있기 때문이다. 귀농 · 귀촌 전문가인 임경수 충남 논산시공동체경제추진단장은 "귀농 · 귀촌인을 대상으로 한 토지분양 광고는 거의 사기"라면서 "사업 예정지 주소를 알아내 현장을 방문한 뒤 땅 소유권을 파악

하는 등 종합적으로 검토해 결정해야 한다”고 말했다. 김귀영 농림수산식품교육
문화정보원 귀농귀촌종합센터장은 “귀농·귀촌을 매개로 이익을 보려는 부동산
업자나 농자재 판촉상 등이 많은 만큼 주의해야 한다”면서 “충분한 시간을 갖고
천천히 꼼꼼하게 준비해야 ‘인생 2막’의 실패를 줄일 수 있다”고 강조했다.

김태억 기자 eok1128@nongmin.com

　　귀농은 교육이나 문화, 의료 등 생활방식에 상당한 변화를 가져오는데 무엇보다도 큰 변화는 농업은 매달 수입이 고정적으로 보장되지 않는다는 점이다. 게다가 초기 투자 비용이 만만치 않다. 많은 귀농인들은 '3년간은 수입 없이 살 수 있는 준비를 하고 와야 한다'고 말한다. 비닐하우스나 경운기와 같은 시설이나 농기계 등에 그동안 투자를 했어야 수익이 발생하는 것이다.

귀농귀촌종합센터(www.returnfarm.com)에서 제공하는 여러 지자체의 주력작목,
품목별 가족 경영규모와 투자비, 운영비, 평균수입을 발췌하여 요약 정리한 내용이다.

부록

지역 및 경영규모별 품목 선정표

품목	배추(강원)	절임배추(충북)	무(제주)
가족경영규모	40,000㎡	6,200㎡	20,000㎡
평균투자비	180,000천원	21,000천원	30,000천원
연간운영비	60,000천원	7,000천원	10,000천원
연평균수입	60,000천원	21,000천원	30,000천원

품목	엽채류(경기)	쌈채소(전남)	시설쌈채(충남)
가족경영규모	20,000㎡	2,000㎡	1,980㎡
평균투자비	360,000천원	30,000천원	35,000천원
연간운영비	100,000천원	10,000천원	5,000천원
연평균수입	50,000천원	20,500천원	25,000천원

품목	시설상추(강원)	상추(충남)	상추(전북)
가족경영규모	2,000㎡	3,000㎡	1,980㎡
평균투자비	6,200천원	60,000천원	50,000천원
연간운영비	10,228천원	30,000천원	20,000천원
연평균수입	8,094천원	30,000천원	30,000천원

품목	시설양상추(전남)	미나리(경북)	깻잎(충남)
가족경영규모	9,448㎡	3,000㎡	1,500㎡
평균투자비	20,500천원	9,000천원	30,000천원
연간운영비	16,500천원	3,000천원	9,000천원
연평균수입	62,580천원	40,000천원	21,000천원

품목	브로콜리(제주)	시설강낭콩(충남)	갓(전남)
가족경영규모	20,000㎡	2,640㎡	3,000㎡
평균투자비	34,000천원	45,000천원	7,065천원
연간운영비	11,000천원	3,000천원	1,230천원
연평균수입	49,000천원	25,000천원	9,250천원

품목	부추(경기)	부추(경남)	부추(경남)
가족경영규모	1,980㎡	2,000㎡	6,000㎡
평균투자비	2,000천원	18,000천원	150,000천원
연간운영비	1,000천원	15,600천원	1,440천원
연평균수입	2,000천원	30,000천원	38,000천원

품목	시금치(경남)	노지시금치(경남)	시금치(경남)
가족경영규모	1,300㎡	10,000㎡	4,900㎡
평균투자비	550천원	20,000천원	2,500천원
연간운영비	800천원	9,000천원	4,700천원
연평균수입	3,100천원	30,000천원	1,100천원

품목	대파(전남)	대파(전남)	시설쪽파(충남)
가족경영규모	9,900㎡	6,200㎡	3,960㎡
평균투자비	12,000천원	28,000천원	50,000천원
연간운영비	4,000천원	4,500천원	1,800천원
연평균수입	50,000천원	9,000천원	35,000천원

지역 및 경영규모별 품목 선정표

품목	찰옥수수(경북)	풋찰옥수수(강원)	찰옥수수(충북)
가족경영규모	6,000㎡	5,000㎡	5,500㎡
평균투자비	11,000천원	2,100천원	10,000천원
연간운영비	3,500천원	2,800천원	3,000천원
연평균수입	5,100천원	4,980천원	5,000천원

품목	콩(경기)	서리태(전북)	율무(경기)
가족경영규모	10,000㎡	12,000㎡	10,000㎡
평균투자비	10,000천원	15,000천원	10,000천원
연간운영비	3,000천원	3,100천원	3,000천원
연평균수입	6,000천원	6,800천원	6,000천원

품목	산채(강원)	산채류(강원)	산채(경북)
가족경영규모	4,950㎡	10,000㎡	4,000㎡
평균투자비	60,000천원	52,000천원	20,000천원
연간운영비	20,000천원	27,000천원	12,000천원
연평균수입	60,000천원	12,000천원	25,000천원

품목	곰취(강원)	곰취(강원)	곰취(강원)
가족경영규모	2,000㎡	1,983㎡(600평)	1,975㎡
평균투자비	42,000천원	3,000천원(300평)	38,901천원
연간운영비	5,000천원	6,000천원	6,400천원
연평균수입	21,000천원	15,000천원(300평)	16,000천원

품목	곤드레(강원)	산마늘(강원)	더덕(강원)
가족경영규모	5,000㎡	5,000천원(300평)	5,000㎡
평균투자비	6,000천원	5,000천원(300평)	20,000천원
연간운영비	10,500천원	2,000천원(300평)	5,000천원
연평균수입	17,050천원	2,500만원(300평)	10,000천원

품목	당근(경남)	당근(제주)	당근(제주)
가족경영규모	3,300㎡	20,000㎡	20,000㎡
평균투자비	25,000천원	50,000천원	45,000천원
연간운영비	5,000천원	20,000천원	15,000천원
연평균수입	35,000천원	44,000천원	50,000천원

품목	마늘(경남)	마늘(경북)	마늘(전남)
가족경영규모	4,000㎡	3,600㎡	3,300㎡
평균투자비	17,000천원	10,000천원	9,000천원
연간운영비	23,000천원	7,000천원	3,000천원
연평균수입	12,000천원	15,000천원	15,000천원

품목	생강(전북)	생강(충남)	가지(경북)
가족경영규모	7,000㎡	5,102㎡	1,650m
평균투자비	30,000천원	26,000천원	19,000천원
연간운영비	20,000천원	16,023천원	13,000천원
연평균수입	40,000천원	20,070천원	18,000천원

지역 및 경영규모별 품목 선정표

품목	고구매(경남)	고구매(전남)	고구매(충남)
가족경영규모	2,640㎡	1,300㎡	19,800㎡
평균투자비	2,020천원	2,616천원	45,000천원
연간운영비	2,450천원	1,387천원	19,000천원
연평균수입	7,000천원	1,866천원	30,000천원

품목	감자(경북)	감자(경북)	감자(충북)
가족경영규모	9,900㎡	3,000㎡	5,000㎡
평균투자비	6,000천원	4,000천원	5,000천원
연간운영비	9,500천원	8,000천원	8,000천원
연평균수입	12,000천원	8,000천원	9,500천원

품목	양파(경남)	양파(전남)	양파(경북)
가족경영규모	6,600㎡	6,600㎡	3,000㎡
평균투자비	20,000천원	15,200천원	8,000천원
연간운영비	7,000천원	8,000천원	13,000천원
연평균수입	9,200천원	8,540천원	11,000천원

품목	풋고추(강원)	시설 풋고추(강원)	풋고추(경북)
가족경영규모	2,640㎡	3,000㎡	3,300㎡
평균투자비	90,000천원	70,000천원	150,000천원
연간운영비	30,000천원	8,000천원	10,000천원
연평균수입	55,000천원	36,000천원	40,000천원

품목	노지고추(경북)	노지고추(전북)	노지고추(충남)
가족경영규모	3,000㎡	1,000㎡	1,980㎡
평균투자비	6,000천원	2,000천원	3,000천원
연간운영비	10,000천원	900천원	3,000천원
연평균수입	12,000천원	5,000천원	10,000천원

품목	시설고추(전북)	시설고추(충남)	고추(시설)(충북)
가족경영규모	3,300㎡	2,700㎡(4동)	10,000㎡
평균투자비	100,000천원	9,000천원	100,000천원
연간운영비	39,194천원	4,500천원	50,000천원
연평균수입	72,530천원	23,000천원	30,000천원

품목	딸기(충남)	딸기(경남)	딸기(강원)
가족경영규모	4,950㎡	5,000㎡	2,000㎡
평균투자비	75,000천원	100,000천원	17,000천원
연간운영비	10,000천원	50,000천원	22,512천원
연평균수입	50,000천원	40,000천원	24,000천원

품목	시설호박(충북)	시설호박(경남)	시설호박(전남)
가족경영규모	2,280㎡	6,000㎡	4,000㎡
평균투자비	40,000천원	150,000천원	140,000천원
연간운영비	20,000천원	32,000천원	50,000천원
연평균수입	15,000천원	80,000천원	40,000천원

지역 및 경영규모별 품목 선정표

품목	오이(경북)	오이(충남)	오이(충북)
가족경영규모	2,640㎡	2,000㎡	2,280㎡
평균투자비	8,000천원	61,000천원	40,000천원
연간운영비	24,000천원	20,000천원	20,000천원
연평균수입	8,000천원	20,000천원	15,000천원

품목	토마토(강원)	토마토(충남)	토마토(전남)
가족경영규모	2,000㎡	3,300㎡	4,400㎡
평균투자비	25,000천원	90,000천원	96,320천원
연간운영비	10,000천원	30,000천원	60,724천원
연평균수입	25,000천원	30,000천원	52,168천원

품목	파프리카(강원)	파프리카(경남)	파프리카(경북)
가족경영규모	1,950㎡	3,636㎡	2,310㎡
평균투자비	60,000천원/10a	150,000천원	46,000천원
연간운영비	22,362천원/10a	60,000천원	10,000천원
연평균수입	16,000천원/10a	220,000천원	30,000천원

품목	수박(경남)	수박(전북)	수박(충남)
가족경영규모	3,300㎡	3,300㎡	3,960㎡
평균투자비	3,0000천원	6,660천원	50,000천원
연간운영비	5,000천원	2,220천원	1,800천원
연평균수입	40,000천원	24,440천원	21,000천원

품목	참외(경북)	참외(경북)	참외(경북)
가족경영규모	4,950㎡	66,000㎡	9,900㎡
평균투자비	40,000천원	160,000천원	60,000천원
연간운영비	14,000천원	6,000천원	20,000천원
연평균수입	40,000천원	24,000천원	40,000천원

품목	멜론(강원)	멜론(전남)	멜론(충남)
가족경영규모	2,600㎡	8,000㎡	6,000㎡
평균투자비	51,212천원	200,000천원	109,000천원
연간운영비	9 600천원	70,000천원	35,000천원
연평균수입	24000천원	50,000천원	35,000천원

품목	블루베리(경기)	블루베리(경남)	블루베리(전북)
가족경영규모	3,300㎡	1,320㎡	3,300㎡
평균투자비	25,000천원	6000천원	30,000천원
연간운영비	18,000천원	300천원	20,000천원
연평균수입	20,000천원	20,000천원	20,000천원

품목	단감(경남)	단감(경남)	단감(전남)
가족경영규모	10,000㎡	20,000㎡	14,000 ㎡
평균투자비	36,000천원	50,000천원	29,000천원
연간운영비	13,000천원	24,000천원	13,000천원
연평균수입	36,000천원	76,000천원	36,000천원

지역 및 경영규모별 품목 선정표

품목	감(전남)	감(전남)	대봉감(경남)
가족경영규모	3,074㎡	15,000㎡	10,000㎡
평균투자비	1,250천원	60,000천원	10,000천원
연간운영비	1,300천원	20,000천원	6,000천원
연평균수입	6,500천원	40,000천원	19,000천원

품목	밤(충북)	대추(충북)	오디(전북)
가족경영규모	40,000㎡	10,000㎡	2,000㎡
평균투자비	95,000천원	150,000천원	2,100천원
연간운영비	18,000천원	8,000천원	3,500천원
연평균수입	33,000천원	40,000천원	14,000천원

품목	곶감(경남)	곶감(경남)	반시(경북)
가족경영규모	15,000㎡	3동	4,000㎡
평균투자비	45,000천원	50,000천원	9,000천원
연간운영비	18,000천원	1,000천원	3,000천원
연평균수입	45,000천원	15,000천원	30,000천원

품목	자두(경북)	자두(경북)	자두(경북)
가족경영규모	6,611㎡	6,600㎡	3,300㎡
평균투자비	15,000천원	10,000천원	9,000천원
연간운영비	5,000천원	5,000천원	3,000천원
연평균수입	25,000천원	20,000천원	16,000천원

품목	사과(강원)	사과(경북)	사과(충남)
가족경영규모	3,000㎡	6,600㎡	4,500㎡
평균투자비	25,000천원	40,000천원	30,000천원
연간운영비	10,000천원	15,000천원	1,800천원
연평균수입	25,000천원	45,000천원	30,000천원

품목	포도(전북)	포도(경북)	포도(충남)
가족경영규모	5,000㎡	5,900㎡	8,250㎡
평균투자비	80,000천원	40,000천원	50,000천원
연간운영비	3,0000천원	15,000천원	20,000천원
연평균수입	3,5000천원	27,000천원	47,000천원

품목	매실(전남)	매실(전남)	매실(경남)
가족경영규모	20,000㎡	20,465㎡	10,000㎡
평균투자비	45,000천원	25,000천원	10,000천원
연간운영비	15,000천원	8,500천원	8,000천원
연평균수입	35,000천원	17,070천원	15,000천원

품목	체리(경기)	머루(전북)	참다래(경남)
가족경영규모	3,300㎡	5,000㎡	4,807㎡
평균투자비	20,000천원	4,000천원	1,730천원
연간운영비	12,000천원	2,054천원	2,160천원
연평균수입	16,000천원	21,254천원	5,014천원

지역 및 경영규모별 품목 선정표

품목	복분자(전북)	아로니아(충북)	약초(경남)
가족경영규모	1,980㎡	10,000㎡	6,000㎡
평균투자비	3,780천원	32,000천원	30,000천원
연간운영비	1,260천원	18,000천원	10,000천원
연평균수입	12,000천원	50,000천원	20,000천원

품목	배(충남)	배(충남)	배(전남)
가족경영규모	10,000㎡	10,000㎡	12,000㎡
평균투자비	113,000천원	120,000천원	98,000천원
연간운영비	37,000천원	37,000천원	32,000천원
연평균수입	29,000천원	39,000천원	31,000천원

품목	감귤(제주)	감귤(제주)	한라봉(경남)
가족경영규모	10,000㎡	10,000㎡	1,984㎡
평균투자비	30,000천원	30,000천원	30,000천원
연간운영비	10,000천원	10,000천원	6,000천원
연평균수입	30,000천원	40,000천원	25,000천원

품목	무화과(전남)	무화과(전남)	무화과(전남)
가족경영규모	6,726㎡	5,000㎡	9,900㎡
평균투자비	140,000천원	40,000천원	10,000천원
연간운영비	18,000천원	10,000천원	3,000천원
연평균수입	37,000천원	50,000천원	30,000천원

품목	복숭아(충북)	복숭아(충북)	복숭아(강원)
가족경영규모	10,000㎡	10,000㎡	10,000㎡
평균투자비	150,000천원	120,000천원	38,200천원
연간운영비	80,000천원	17,000천원	32,000천원
연평균수입	60,000천원	28,000천원	33,000천원

품목	오미자(경남)	오미자(경북)	오미자(충북)
가족경영규모	6,600㎡	6,600㎡	10,000㎡
평균투자비	25,000천원	15,000천원	40,000천원
연간운영비	4000천원	5,000천원	20,000천원
연평균수입	40,000천원	40,000천원	45,000천원

품목	인삼(전남)	인삼(충남)	인삼(충북)
가족경영규모	1,000㎡	3,300㎡	10,000㎡
평균투자비	17,169천원	25,000천원	150,000천원
연간운영비	7,883천원	5,000천원	60,000천원
연평균수입	19,536천원	45,000천원	80,000천원

품목	울금(전남)	산야초(전남)	시설구기자(충남)
가족경영규모	3,500㎡	2,000㎡	1,320㎡(2동)
평균투자비	41,000천원	30,000천원	6,000천원
연간운영비	2,500천원	10,000천원	2,400천원
연평균수입	11,000천원	50,000천원	12,000천원

지역 및 경영규모별 품목 선정표

품목	느타리버섯(강원)	느타리버섯(경기)	양송이(충남)
가족경영규모	396㎡	330㎡	660㎡
평균투자비	70,000천원	50,000천원	160,000천원
연간운영비	42,000천원	10,000천원	77,000천원
연평균수입	24,000천원	12,000천원	56,000천원

품목	표고버섯(전남)	표고버섯(전북)	표고(충남)
가족경영규모	2,200본	1,500개	1,650㎡
평균투자비	40,000천원	50,000천원	90,000천원
연간운영비	11,000천원	20,000천원	5,000천원
연평균수입	45,000천원	30,000천원	70,000천원

품목	벼(경북)	쌀(충남)	검정쌀(전남)
가족경영규모	15,840㎡	13,200㎡	15,000㎡
평균투자비	1,000천원	3,000천원	65,000천원
연간운영비	6,000천원	2,000천원	15,000천원
연평균수입	16,000천원	13,000천원	10,000천원

품목	화훼(경기)	장미(전남)	알로에(경남)
가족경영규모	1,320㎡	1,000㎡	2,000㎡
평균투자비	200,000천원	59,526천원	5,000천원
연간운영비	50,000천원	21,809천원	1,000천원
연평균수입	80,000천원	34,671천원	10,000천원

품목	한우(강원)	한우(전남)	한우(충북)
가족경영규모	50두	70두	50두
평균투자비	100,000천원	150,000천원	150,000천원
연간운영비	20,000천원	35,000천원	50,000천원
연평균수입	30,000천원	55,000천원	80,000천원

시골살이 궁리書

초판 1쇄 발행일   2017년 4월 20일
초판 2쇄 발행일   2018년 6월 5일

지은이   채상헌
펴낸이   이상욱

기획제작   김흥선 김용덕 황의성
교정·교열   진행록
디자인&인쇄 (주)삼보아트

펴낸곳   (사)농민신문사
출판등록   제25100–2017–000077호
주소   서울특별시 서대문구 독립문로 59
홈페이지   http://www.nongmin.com
전화   02–3703–6097
팩스   02–3703–6213

ⓒ농민신문사 2018
ISBN 978–89–7947–162–5 13520

잘못된 책은 바꾸어 드립니다. 책값은 뒤표지에 있습니다.